요점만화

레인보우 왕국

으랏차!

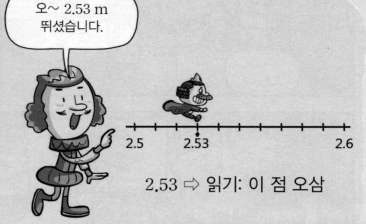

오~ 2.53 m 뛰셨습니다.

2.5 2.53 2.6

2.53 ⇨ 읽기: 이 점 오삼

나 신기록 세운 거야?

아닙니다.

최고 기록보다 0.627 m 모자랍니다.

뭐 그래도 얼마 차이 안 나네.

아닙니다! 0.001이 무려 627개만큼이나 차이가 나옵니다.

긍정적으로 말해 주면 안 되냐!

그래도 운동을 하시니 몸무게가 어제는 0.6 kg, 오늘은 0.9 kg 줄었습니다.

몇 kg이나 줄었는지 소수점끼리 맞추어 세로로 써서 계산해 보았답니다.

와우~ 모두 1.5 kg이나 줄었다고?

$$\begin{array}{r} 0.6 \\ + 0.9 \\ \hline 1.5 \end{array}$$

공주야~~ 아빠가 드디어 살이 빠지기 시작했단다~~

어디 갔지?

글쎄요.

뭐야, 수학 문제를 풀고 있었군.

4.69 − 3.42는 얼마?

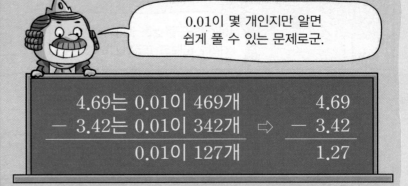

0.01이 몇 개인지만 알면 쉽게 풀 수 있는 문제로군.

$$\begin{array}{r} 4.69\text{는 } 0.01\text{이 } 469\text{개} \\ - 3.42\text{는 } 0.01\text{이 } 342\text{개} \\ \hline 0.01\text{이 } 127\text{개} \end{array} \Rightarrow \begin{array}{r} 4.69 \\ - 3.42 \\ \hline 1.27 \end{array}$$

음, 그런데 이 쪽지는 뭐지?

헉!!

공주를 찾고 싶으면 드래곤 성으로 와라. 크하하하~!!

— 드래곤

으아악~ 이건 꿈일 거야!

전하! 왜 그러십니까?

벌써부터 날이 덥네.

오는 길에 돌을 밟아서 넘어질 뻔했어.

밟은 돌은 이렇게 생겼어.

이렇게 두 변의 길이가 같은 삼각형을 이등변삼각형이라고 해.

이등변삼각형은 두 각의 크기가 같아.

이 삼각형은 한 각이 둔각이므로 둔각삼각형이라고 할 수도 있어.

난 돌을 밟지 않고 드래곤 성까지 무사히 가서 꼭 공주를 구할 거야.

이런 정삼각형 모양의 돌도 있었어. 조심해.

부디 드래곤을 처치해줘.

응~ 다녀올게.

저기가 드래곤 성이구나.

드래곤 성에는 무시무시한 드래곤이 살겠지?

〈드래곤 성〉
5000만 년 된 무서운 드래곤이 살고 있음.

이렇게 생겼대.

음…… 그런데……
별로 안 무서울 것 같은데?

자~ 어쨌든 공주님을 구하러 출발!

어라…….

꼬르륵~

밥 먹고 가자~.

수학경시대회 대표유형 문제

▶정답은 1쪽

1. 분수의 덧셈과 뺄셈

1 진분수의 덧셈

분모는 그대로 두고 분자끼리 더합니다.

$$\frac{3}{7}+\frac{1}{7}=\frac{3+1}{7}=\frac{\boxed{①}}{7}$$

$$\frac{4}{6}+\frac{3}{6}=\frac{4+3}{6}=\frac{7}{6}=\boxed{②}\frac{1}{6}$$ → 결과가 가분수이면 대분수로 바꿉니다.

2 진분수의 뺄셈, 1−(진분수)

분모는 그대로 두고 분자끼리 뺍니다.

$$\frac{4}{5}-\frac{1}{5}=\frac{4-1}{5}=\frac{\boxed{③}}{5}$$

$$1-\frac{3}{4}=\frac{4}{4}-\frac{3}{4}=\frac{1}{4}$$ → 1을 $\frac{4}{4}$로 바꾸어 계산합니다.

3 대분수의 덧셈

자연수 부분끼리 더하고, 진분수 부분끼리 더합니다.

$$1\frac{3}{6}+3\frac{5}{6}=(1+3)+(\frac{3}{6}+\frac{5}{6})=4+\frac{8}{6}=\boxed{④}\frac{2}{6}$$

4 받아내림이 없는 대분수의 뺄셈

자연수 부분끼리 빼고, 진분수 부분끼리 뺍니다.

$$2\frac{6}{7}-1\frac{1}{7}=(2-1)+(\frac{6}{7}-\frac{1}{7})=1+\frac{5}{7}=1\frac{5}{7}$$

5 (자연수)−(대분수)

자연수에서 1만큼을 분수로 바꾸어 계산합니다.

$$2-1\frac{1}{3}=1\frac{3}{3}-1\frac{1}{3}=(1-1)+(\frac{3}{3}-\frac{1}{3})=\frac{\boxed{⑤}}{3}$$

6 받아내림이 있는 대분수의 뺄셈

방법 1 빼지는 분수의 자연수에서 1만큼을 분수로 바꾸어 자연수 부분끼리, 분수 부분끼리 뺍니다.

$$3\frac{1}{4}-1\frac{2}{4}=2\frac{5}{4}-1\frac{2}{4}=1\frac{3}{4}$$

방법 2 대분수를 모두 가분수로 바꾸어 분자끼리 뺍니다.

$$3\frac{1}{4}-1\frac{2}{4}=\frac{\boxed{⑥}}{4}-\frac{6}{4}=\frac{7}{4}=1\frac{3}{4}$$

정답: ❶ 4   ❷ 1   ❸ 3   ❹ 5   ❺ 2   ❻ 13

대표유형 ❶

두 수의 합을 구하세요.

$$\frac{5}{6} \qquad \frac{4}{6}$$

풀이

$$\frac{5}{6}+\frac{4}{6}=\frac{\boxed{}+\boxed{}}{6}=\frac{\boxed{}}{6}=\boxed{}$$

답 _____

대표유형 ❷

그림을 보고 ●에 알맞은 수를 구하세요.

$2\frac{1}{4}$ $3\frac{1}{4}$

●

풀이

$$●=2\frac{1}{4}+3\frac{1}{4}=(2+\boxed{})+(\frac{1}{4}+\frac{\boxed{}}{4})$$

$$=\boxed{}+\frac{\boxed{}}{4}=\boxed{}$$

답 _____

대표유형 ❸

주스가 $2\frac{1}{3}$ L 있습니다. 그중에서 $1\frac{2}{3}$ L를 마셨습니다. 남은 주스는 몇 L일까요?

풀이

(남은 주스의 양)

$$=2\frac{1}{3}-1\frac{\boxed{}}{3}=\frac{\boxed{}}{3}-\frac{\boxed{}}{3}=\frac{\boxed{}}{3}(L)$$

답 _____

1 그림을 보고 □ 안에 알맞은 수를 써넣으세요.

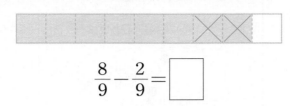

$$\frac{8}{9} - \frac{2}{9} = \boxed{}$$

2 수직선을 보고 □ 안에 알맞은 수를 써넣으세요.

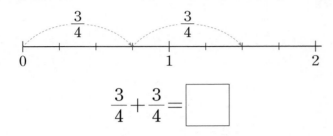

$$\frac{3}{4} + \frac{3}{4} = \boxed{}$$

3 □ 안에 알맞은 수를 써넣으세요.

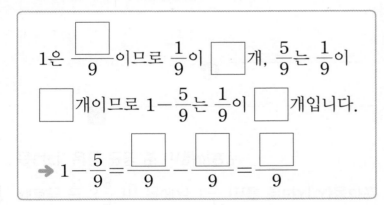

1은 $\dfrac{\boxed{}}{9}$ 이므로 $\dfrac{1}{9}$ 이 $\boxed{}$ 개, $\dfrac{5}{9}$ 는 $\dfrac{1}{9}$ 이 $\boxed{}$ 개이므로 $1 - \dfrac{5}{9}$ 는 $\dfrac{1}{9}$ 이 $\boxed{}$ 개입니다.

➔ $1 - \dfrac{5}{9} = \dfrac{\boxed{}}{9} - \dfrac{\boxed{}}{9} = \dfrac{\boxed{}}{9}$

4 계산해 보세요.

$$7\frac{5}{7} + 2\frac{6}{7}$$

5 두 수의 차를 찾아 ○표 하세요.

$$4\frac{9}{11} \qquad 3\frac{6}{11}$$

$7\frac{3}{11}$ $1\frac{3}{11}$ $\frac{3}{11}$

(   )   (   )   (   )

6 빈칸에 알맞은 수를 써넣으세요.

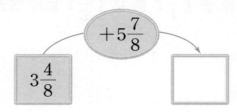

7 보기와 같은 방법으로 계산해 보세요.

┃보기┃

$$3\frac{2}{4} - 1\frac{3}{4} = \frac{14}{4} - \frac{7}{4} = \frac{7}{4} = 1\frac{3}{4}$$

$4\frac{2}{5} - 1\frac{3}{5} = $ _____

8 바르게 계산한 것을 찾아 기호를 쓰세요.

㉠ $4\frac{7}{10} + \frac{13}{10} = 5$ ㉡ $\frac{11}{6} - 1\frac{3}{6} = \frac{2}{6}$

(   )

9 설명하는 수를 구하세요.

$$2\frac{7}{10} 보다 \frac{9}{10} 큰 수$$

(   )

10 밀가루 4 kg 중에서 $1\frac{1}{7}$ kg을 사용하여 부침개를 만들었습니다. 남은 밀가루는 몇 kg일까요?

식 _____

답 _____

11 크기를 비교하여 ○ 안에 >, =, <를 알맞게 써넣으세요.

$$3 - \frac{7}{13} \bigcirc 2\frac{8}{13}$$

12 계산 결과가 $2\frac{3}{7}$인 덧셈을 찾아 기호를 쓰세요.

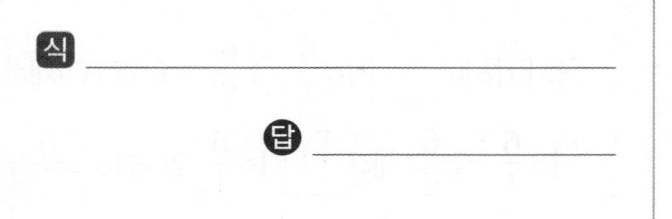

ⓐ $\frac{6}{7} + \frac{4}{7}$ ⓑ $4\frac{1}{7} - 1\frac{5}{7}$

( )

13 재호는 끈 $3\frac{5}{8}$ m 중에서 $1\frac{7}{8}$ m를 잘라서 사용하였습니다. 남은 끈은 몇 m일까요?

식 _____

답 _____

14 □ 안에 알맞은 분수를 구하세요.

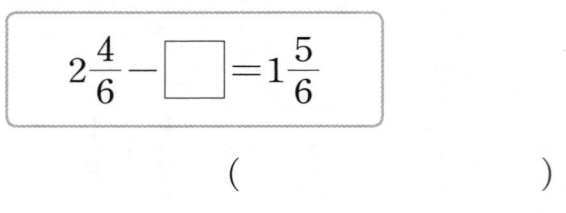

$$2\frac{4}{6} - \square = 1\frac{5}{6}$$

( )

융합형

15 주리네 가족이 설악산을 관광하면서 각 구간별로 걸린 시간을 나타낸 것입니다. 비선대에서 희운각을 지나 대청봉까지 가는 데 걸린 시간은 모두 몇 시간일까요?

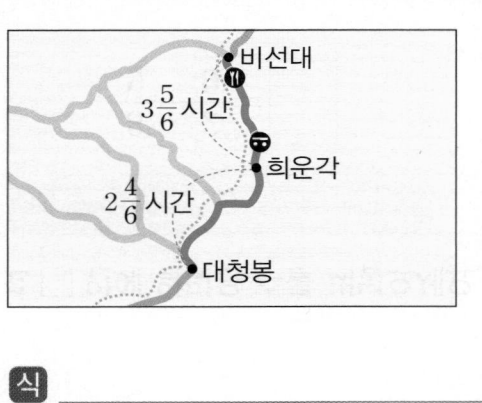

식 _____

답 _____

16 □ 안에 들어갈 수 있는 자연수를 모두 구하세요.

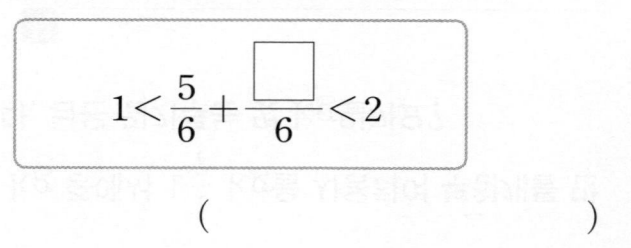

$$1 < \frac{5}{6} + \frac{\square}{6} < 2$$

( )

17 어떤 수에서 $1\frac{3}{8}$을 뺐더니 $1\frac{7}{8}$이 되었습니다. 어떤 수는 얼마일까요?

( )

18 유진이와 지호 중에서 가지고 있는 카드에 적힌 두 수의 합이 더 큰 사람은 누구일까요?

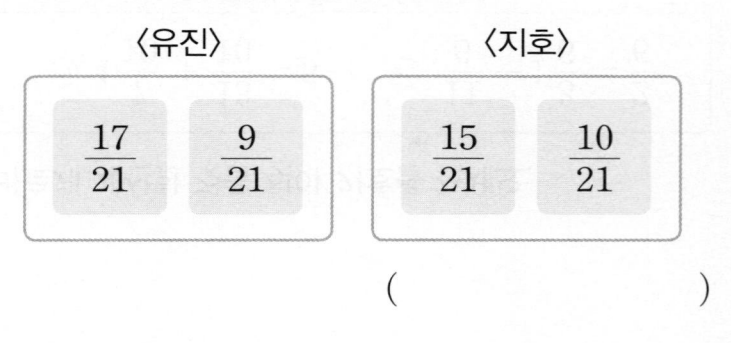

〈유진〉 〈지호〉

| $\frac{17}{21}$ | $\frac{9}{21}$ | | $\frac{15}{21}$ | $\frac{10}{21}$ |

( )

추론

19 두 수의 합이 가장 크게 되는 두 분수를 골라 □ 안에 써넣어 식을 만들고 계산하세요.

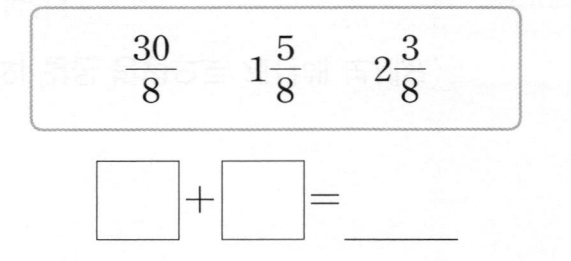

$$\frac{30}{8} \qquad 1\frac{5}{8} \qquad 2\frac{3}{8}$$

$$\square + \square = \underline{\quad\quad}$$

20 선희는 포도 원액 $1\frac{2}{5}$ L와 물 $2\frac{4}{5}$ L를 섞어서 포도 주스를 만들었습니다. 그중에서 $1\frac{3}{5}$ L를 마셨다면 남은 포도 주스는 몇 L일까요?

( )

▶정답은 2쪽

2. 삼각형

1 삼각형 분류하기 (1)

- **이등변삼각형**: 두 변의 길이가 같은 삼각형
- **정삼각형**: [❶] 변의 길이가 같은 삼각형

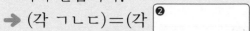

2 이등변삼각형의 성질

- 두 변의 길이가 같습니다.
  ➡ (변 ㄱㄴ)＝(변 ㄱㄷ)
- 길이가 같은 두 변에 있는 두 각의 크기가 같습니다.
  ➡ (각 ㄱㄴㄷ)＝(각 [❷]   )

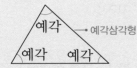

3 정삼각형의 성질

- 세 변의 길이가 같습니다.
  ➡ (변 ㄱㄴ)＝(변 ㄴㄷ)＝(변 ㄱㄷ)
- 세 각의 크기가 모두 [❸]°로 같습니다.
  ➡ (각 ㄱㄴㄷ)＝(각 ㄴㄷㄱ)＝(각 ㄴㄱㄷ)

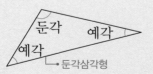

4 삼각형 분류하기 (2)

- **예각삼각형**: 세 각이 모두 [❹]인 삼각형
- **둔각삼각형**: 한 각이 [❺]인 삼각형

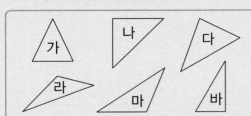

5 삼각형을 두 가지 기준으로 분류하기

| 가 | 나 | 다 |
| 라 | 마 | 바 |

변의 길이와 각의 크기에 따라 삼각형을 분류합니다.

	예각삼각형	둔각삼각형	직각삼각형
이등변삼각형	가	[❻]	나
세 변의 길이가 모두 다른 삼각형	다	라	바

대표유형 ❶

오른쪽 도형은 정삼각형입니다. ㉠과 ㉡의 길이는 각각 몇 cm인지 구하세요.

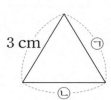

풀이

정삼각형은 [ ] 변의 길이가 같습니다.

➡ ㉠＝[ ] cm, ㉡＝[ ] cm

답 ㉠: _____ , ㉡: _____

대표유형 ❷

오른쪽 도형은 이등변삼각형입니다. 각 ㄱㄴㄷ의 크기는 몇 도인지 구하세요.

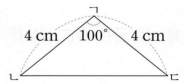

풀이

삼각형의 세 각의 크기의 합은 180°이므로
(각 ㄱㄴㄷ)＋(각 ㄱㄷㄴ)
＝180°－[ ]°＝[ ]°입니다.
각 ㄱㄴㄷ과 각 ㄱㄷㄴ의 크기는 같으므로
(각 ㄱㄴㄷ)＝[ ]°입니다.

답 _____

대표유형 ❸

예각삼각형과 둔각삼각형을 각각 찾아 기호를 쓰세요.

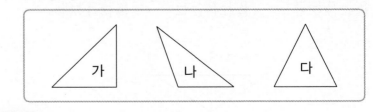

풀이

- 예각삼각형은 세 각이 모두 [ ]인 삼각형이므로 [ ]입니다.
- 둔각삼각형은 한 각이 둔각인 삼각형이므로 [ ]입니다.

답 예각삼각형: _____ , 둔각삼각형: _____

1 이등변삼각형이 <u>아닌</u> 것을 찾아 기호를 쓰세요.

가   나   다

(   )

2 □ 안에 알맞은 수를 구하세요.

60°
5 cm   □ cm
60°   60°

(   )

3 다음 도형은 이등변삼각형입니다. ㉠의 크기는 몇 도인지 구하세요.

6 cm   6 cm
50°   ㉠

(   )

[4~5] 도형을 보고 물음에 답하세요.

가   나   다

4 직각삼각형을 찾아 기호를 쓰세요.

(   )

5 둔각삼각형을 찾아 기호를 쓰세요.

(   )

6 알맞은 것끼리 선으로 이어 보세요.

이등변삼각형   정삼각형

예각삼각형   직각삼각형   둔각삼각형

[7~8] 도형을 보고 물음에 답하세요.

가   다   나   라   마   바

7 예각삼각형이면서 이등변삼각형인 것을 찾아 기호를 쓰세요.

(   )

8 둔각삼각형이면서 세 변의 길이가 모두 다른 삼각형을 찾아 기호를 쓰세요.

(   )

9 선분 ㄱㄴ의 양 끝을 한 점과 이어 둔각삼각형을 그리려고 합니다. 어느 점과 이어야 할까요? ·······(   )

추론

①   ②③   ④   ⑤

ㄱ   ㄴ

10 오른쪽 도형은 정삼각형입니다. 세 변의 길이의 합은 몇 cm일까요?

7 cm

(   )

11 □ 안에 알맞은 수를 써넣으세요.

그림과 같이 도형의 꼭짓점을 이었더니

둔각삼각형이 ☐ 개,

직각삼각형이 ☐ 개 생겼어.

[12~13] 삼각형을 보고 물음에 답하세요.

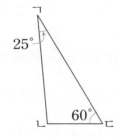

12 각 ㄱㄴㄷ의 크기는 몇 도인지 구하세요.

( )

13 삼각형은 예각삼각형, 직각삼각형, 둔각삼각형 중에서 어떤 삼각형인지 쓰세요.

( )

[14~15] 삼각형 ㄱㄴㄷ은 이등변삼각형입니다. 물음에 답하세요.

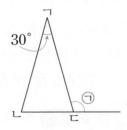

14 각 ㄱㄷㄴ의 크기는 몇 도인지 구하세요.

( )

15 ㉠의 크기는 몇 도인지 구하세요.

( )

16 크기가 같은 정삼각형 2개를 겹치지 않게 이어 붙인 도형입니다. 각 ㄱㄴㄹ의 크기는 몇 도인지 구하세요.

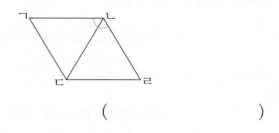

( )

17 길이가 같은 수수깡 3개를 변으로 하여 만들 수 있는 삼각형이 <u>아닌</u> 것을 찾아 기호를 쓰세요.

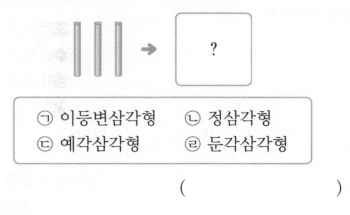

| ㉠ 이등변삼각형 | ㉡ 정삼각형 |
| ㉢ 예각삼각형 | ㉣ 둔각삼각형 |

( )

18 오른쪽 삼각형의 세 변의 길이의 합은 51 cm입니다. 변 ㄴㄷ의 길이는 몇 cm일까요?

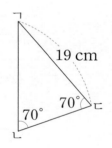

( )

19 삼각형의 두 각의 크기가 다음과 같을 때 이등변삼각형이 될 수 <u>없는</u> 것은 어느 것일까요? ·········· ( )

① 40°, 100°   ② 45°, 90°   ③ 20°, 70°
④ 80°, 20°   ⑤ 110°, 35°

20 30° 간격으로 그린 반지름을 두 변으로 하는 삼각형을 그리려고 합니다. 자를 사용하여 두 각의 크기가 각각 15°인 삼각형을 그려 보세요.

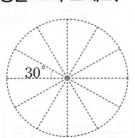

3. 소수의 덧셈과 뺄셈

① 소수 두 자리 수, 소수 세 자리 수

• $\dfrac{1}{100}=0.01$ ➡ 읽기 영 점 영일

$\dfrac{1}{1000}=0.001$ ➡ 읽기 영 점 **❶**⬚

• 4.285 ➡ 읽기 사 점 이팔오

┌ 4는 일의 자리 숫자이고, 4를 나타냅니다.
├ 2는 소수 첫째 자리 숫자이고, 0.2를 나타냅니다.
├ 8은 소수 둘째 자리 숫자이고, **❷**⬚을 나타
│ 냅니다.
└ 5는 소수 셋째 자리 숫자이고, 0.005를 나타냅니다.

② 소수의 크기 비교

• 자연수 부분, 소수 첫째 자리, 소수 둘째 자리, 소수 셋째 자리의 순서로 수의 크기를 비교합니다.

$1.428 \gt 1.39$ │ 2.057 **❸**◯ 2.058

• 0.5와 0.50은 같은 수입니다. ➡ $0.5=0.50$

③ 소수 사이의 관계

$\begin{array}{c}\frac{1}{10}\\\frac{1}{10}\\\frac{1}{10}\\\frac{1}{10}\end{array}$
1			
0	.	1	
0	.	0	1
0	.	0	0	1

10배 / 10배 / 10배

• 소수를 10배 하면 소수점을 기준으로 수가 왼쪽으로 한 자리씩 이동합니다.

• 소수의 $\dfrac{1}{10}$ 을 하면 소수점을 기준으로 수가 오른쪽으로 **❹**⬚ 자리씩 이동합니다.

④ 소수 한 자리 수의 덧셈, 소수 한 자리 수의 뺄셈

$$\begin{array}{r}\overset{1}{}0.8\\+1.9\\\hline 2.7\end{array}\qquad\begin{array}{r}\overset{1\ 10}{\cancel{2}.3}\\-1.7\\\hline 0.6\end{array}$$

⑤ 소수 두 자리 수의 덧셈

$$\begin{array}{r}\overset{1}{}0.45\\+0.16\\\hline 0.61\end{array}\qquad\begin{array}{r}\overset{1}{}0.9\ 7\\+0.3\ 0\\\hline 1.2\ ❺⬚\end{array}$$ → 0.3을 0.30으로 생각하여 계산하기

⑥ 소수 두 자리 수의 뺄셈

$$\begin{array}{r}\overset{6\ \ 10}{0.\cancel{7}\,3}\\-0.1\ 4\\\hline 0.5\ ❻⬚\end{array}\qquad\begin{array}{r}\overset{0\ \ 14\ \ 10}{\cancel{1}.\cancel{5}\,0}\\-0.8\ 2\\\hline 0.6\ 8\end{array}$$ → 1.5를 1.50으로 생각하여 계산하기

정답: ❶ 영영일 ❷ 0.08 ❸ < ❹ 한 ❺ 7 ❻ 9

대표유형 ❶

두 수의 크기를 비교하여 ◯ 안에 $\gt$, $=$, $\lt$를 알맞게 써넣으세요.

$$3.547\ \bigcirc\ 3.56$$

풀이

일의 자리 수와 소수 첫째 자리 수가 각각 같으므로 소수 둘째 자리 수의 크기를 비교합니다.

➡ $3.547\ \bigcirc\ 3.56$
　　　 4 ◯ 6

대표유형 ❷

설명하는 수를 구하세요.

| 4.58의 100배 |

풀이

소수를 100배 하면 소수점을 기준으로 수가 왼쪽으로 ⬚ 자리 이동하므로 4.58의 100배는 ⬚입니다.

답 ＿＿＿＿＿＿＿＿＿

대표유형 ❸

두 수의 합을 구하세요.

| 0.7 |　| 0.6 |

풀이

$$\begin{array}{r}\overset{\boxed{\ }}{}0.7\\+0.6\\\hline \boxed{\ }.\boxed{\ }\end{array}$$

답 ＿＿＿＿＿＿＿＿＿

대표유형 ❹

길이가 2.61 m인 끈이 있습니다. 상자를 묶는 데 1.55 m를 사용하였습니다. 남은 끈은 몇 m일까요?

풀이

(남은 끈의 길이)
＝(처음 끈의 길이)－(사용한 끈의 길이)
＝⬚－⬚＝⬚ (m)

답 ＿＿＿＿＿＿＿＿＿

1 소수를 읽어 보세요.

> 5.23

(   )

2 □ 안에 알맞은 수를 써넣으세요.

> 2.784

□ 은/는 소수 둘째 자리 숫자이고

□ 을/를 나타냅니다.

3 계산해 보세요.

$0.75 + 0.21$

4 □ 안에 알맞은 수를 써넣으세요.

2.9의 $\frac{1}{100}$ 은 □ 입니다.

5 빈칸에 알맞은 수를 써넣으세요.

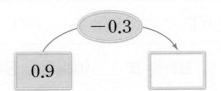

6 잘못 계산한 것을 찾아 기호를 쓰세요.

$$
\begin{array}{r}
ㄱ \quad 0.5\,4 \\
+\quad 0.9 \\
\hline
0.6\,3
\end{array}
\qquad
\begin{array}{r}
ㄴ \quad 0.5\,4 \\
+\,0.9 \\
\hline
1.4\,4
\end{array}
$$

(   )

7 빈칸에 알맞은 수를 써넣으세요.

0.264 → 10배 → □

8 관계있는 것끼리 선으로 이어 보세요.

0.01이 7개인 수	•	•	0.07
$\frac{51}{100}$	•	•	0.35
영 점 삼오	•	•	0.51

9 두 수의 크기를 잘못 비교한 사람은 누구일까요?

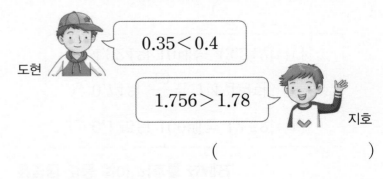

도현: $0.35 < 0.4$

지호: $1.756 > 1.78$

(   )

10 세 달 전에 강낭콩의 길이를 재었더니 0.6 m였습니다. 오늘 재어 보니 세 달 전보다 0.9 m가 더 자랐습니다. 오늘 잰 강낭콩의 길이는 몇 m일까요?

식 _____

답 _____

11 3.8보다 작은 수를 찾아 ◯표 하세요.

| 3.82 | 3.599 | 3.9 |

12 ㉠과 ㉡이 나타내는 수를 각각 쓰세요.

9.019
㉠ ㉡

㉠ ( )

㉡ ( )

융합형

13 다음 이정표는 신형이가 서 있는 곳에서부터의 거리를 나타냅니다. 신형이가 서 있는 곳에서부터 대동문까지의 거리는 북한산대피소까지의 거리보다 몇 km 더 멀까요?

⇐ 2.1 km 대동문
⇐ 0.8 km 북한산대피소

( )

14 가장 큰 수를 찾아 쓰세요.

| 7.5 | 2.1 | 3.15 |

( )

15 물병에 물이 3.2 L 들어 있었는데 준재가 물을 마셨더니 2.55 L가 남았습니다. 준재가 마신 물은 몇 L일까요?

식 _____

답 _____

16 4.55와 4.6 사이에 있는 소수 두 자리 수는 모두 몇 개일까요?

( )

17 잘못된 것을 찾아 기호를 쓰세요.

㉠ 0.125의 100배는 12.5입니다.
㉡ 0.74의 $\frac{1}{10}$ 은 7.4입니다.
㉢ 4.324의 10배는 43.24입니다.

( )

18 □ 안에 알맞은 수를 써넣으세요.

$$\begin{array}{r} \boxed{}.\ 4\ \ 7 \\ +\ \ 3\ .\ \boxed{}\ \ 5 \\ \hline 7\ .\ 3\ \boxed{} \end{array}$$

19 카드를 한 번씩 모두 사용하여 소수 두 자리 수를 만들려고 합니다. 만들 수 있는 가장 큰 수와 가장 작은 수의 합을 구하세요.

| . | 9 | 5 | 6 |

( )

문제 해결

20 빨간색 테이프의 길이는 3.4 m이고 파란색 테이프의 길이는 빨간색 테이프보다 1.32 m 더 깁니다. 빨간색 테이프와 파란색 테이프의 길이의 합은 몇 m일까요?

( )

1 [3단원] □ 안에 알맞은 수를 써넣으세요. 2점

$$\begin{array}{r} 0.5 \\ + 0.4 \\ \hline \square \end{array}$$

2 [2단원] 이등변삼각형을 찾아 기호를 쓰세요. 2점

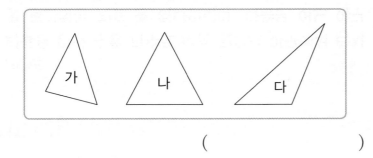

( )

3 [1단원] 계산해 보세요. 2점

$2\frac{5}{9}+3\frac{7}{9}$

4 [3단원] 2가 0.002를 나타내는 수를 찾아 기호를 쓰세요. 2점

| ㉠ 3.082 | ㉡ 5.209 |

( )

5 [3단원] □ 안에 알맞은 수를 써넣으세요. 3점

13.8의 $\frac{1}{10}$ 은  입니다.

6 [1단원] $\frac{2}{7}+\frac{4}{7}$ 의 계산에서 잘못 계산한 곳을 찾아 바르게 계산하세요. 3점

$$\frac{2}{7}+\frac{4}{7}=\frac{6}{14} \quad \rightarrow \quad \boxed{}$$

7 [3단원] 빈 곳에 알맞은 수를 써넣으세요. 3점

8 [3단원] ㉮ 막대의 길이는 4.56 m이고, ㉯ 막대의 길이는 3.74 m입니다. ㉮ 막대와 ㉯ 막대의 길이의 합은 몇 m일까요? 3점

식 _____

답 _____

9 [2단원]
이등변삼각형의 세 변의 길이를 나타낸 것입니다. □ 안에 들어갈 수 있는 수를 모두 찾아 ○표 하세요. [3점]

$$8\,cm \qquad 5\,cm \qquad \boxed{}\,cm$$

(5 , 6 , 7 , 8)

10 [2단원]
직사각형 모양의 종이를 선을 따라 잘랐습니다. 만들어지는 둔각삼각형은 모두 몇 개일까요? [3점]

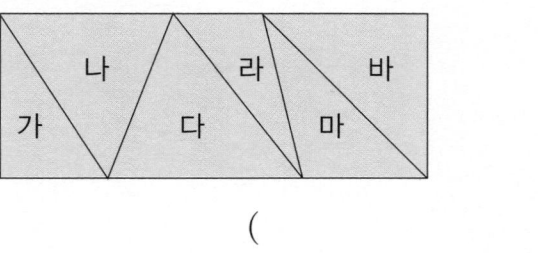

( )

11 [3단원] 융합형
타율은 안타 수를 타수로 나눈 값으로 야구에서 타자를 평가하는 지표 중 하나입니다. 다음은 어느 야구 선수의 타율입니다. 소수 둘째 자리 숫자를 쓰세요. [3점]

0.392

( )

12 [2단원]
각도기와 자를 사용하여 정삼각형을 그려 보세요. [3점]

13 [2단원]
조건을 모두 만족하는 삼각형을 찾아 기호를 쓰세요. [3점]

┃조건┃
• 세 변의 길이가 모두 다릅니다.
• 직각삼각형입니다.

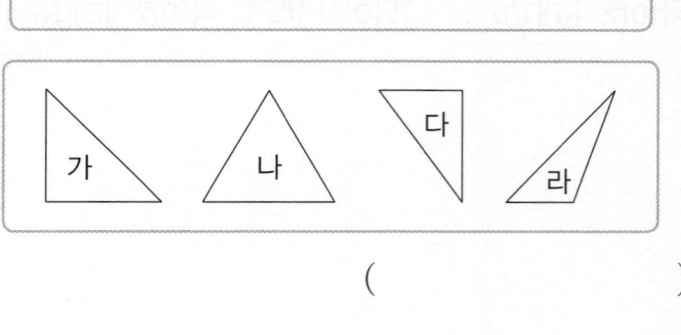

( )

14 [1단원]
크기를 비교하여 ○ 안에 >, =, <를 알맞게 써넣으세요. [3점]

$$4\frac{6}{11} \bigcirc \frac{15}{11}+3\frac{5}{11}$$

15 [1단원]
경미가 선물을 포장하는 데 파란색 끈 $1\frac{4}{5}$ m와 노란색 끈 $1\frac{3}{5}$ m를 사용하였습니다. 경미가 사용한 끈은 모두 몇 m일까요? [3점]

식 _____

답 _____

16 [1단원]
계산 결과를 찾아 선으로 이어 보세요. [3점]

$$1\frac{2}{6}+\frac{5}{6}\quad •$$

$$4\frac{1}{6}-2\frac{3}{6}\quad •$$

$$• \quad 1\frac{4}{6}$$

$$• \quad 2\frac{1}{6}$$

$$• \quad 2\frac{4}{6}$$

17 [2단원] 삼각형의 두 각의 크기를 나타낸 것입니다. 이 삼각형은 어떤 삼각형인지 ◯표 하세요. 4점

$$85° \qquad 30°$$

(예각삼각형 , 직각삼각형 , 둔각삼각형)

18 [1단원] □ 안에 알맞은 수를 구하세요. 4점

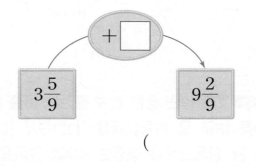

( )

19 [1단원] 처음 비커에 들어 있던 물의 양과 증발하고 남은 물의 양을 나타낸 것입니다. 증발한 물은 몇 mL인지 구하세요. 4점 융합형

처음 비커에 들어 있던 물의 양	50 mL
증발하고 남은 물의 양	$30\frac{1}{4}$ mL

( )

20 [2단원] 이등변삼각형과 정삼각형을 겹치지 않게 이어 붙여 만든 도형입니다. 빨간색 선의 길이는 몇 cm일까요? 4점

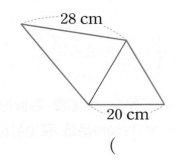

( )

21 [2단원] 다음 삼각형의 이름이 될 수 있는 것을 모두 고르세요. 4점 ⋯⋯⋯⋯⋯⋯ ( )

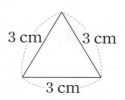

① 정삼각형　　　　② 이등변삼각형
③ 직각삼각형　　　　④ 예각삼각형
⑤ 둔각삼각형

22 [1단원] 삼각형에서 가장 긴 변과 가장 짧은 변의 길이의 차는 몇 m인지 구하세요. 4점

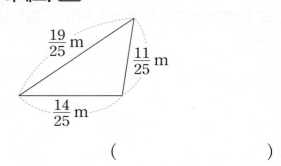

( )

23 [1단원] 오이, 당근, 호박의 무게의 합은 $\frac{9}{10}$ kg입니다. 호박의 무게는 몇 kg일까요? 4점

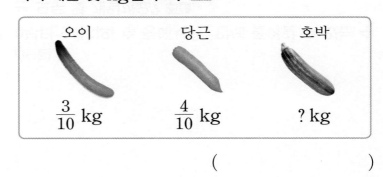

( )

24 [3단원] 계산 결과가 큰 것부터 차례로 □ 안에 1, 2, 3을 써넣으세요. 4점

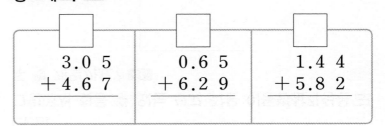

[1단원] 추론

25 대분수로만 만들어진 뺄셈식에서 ▲＋●가 가장 클 때의 값을 구하세요. [4점]

$$5\frac{▲}{7} - 3\frac{●}{7} = 2\frac{1}{7}$$

(   )

[3단원]

26 □ 안에 알맞은 수를 써넣으세요. [4점]

$$\begin{array}{r} 9.\boxed{}4 \\ -\ 4.8\boxed{} \\ \hline \boxed{}.72 \end{array}$$

[2단원] 서술형

27 왼쪽 이등변삼각형과 오른쪽 정삼각형은 세 변의 길이의 합이 같습니다. 정삼각형의 한 변의 길이는 몇 cm인지 풀이 과정을 쓰고 답을 구하세요. [4점]

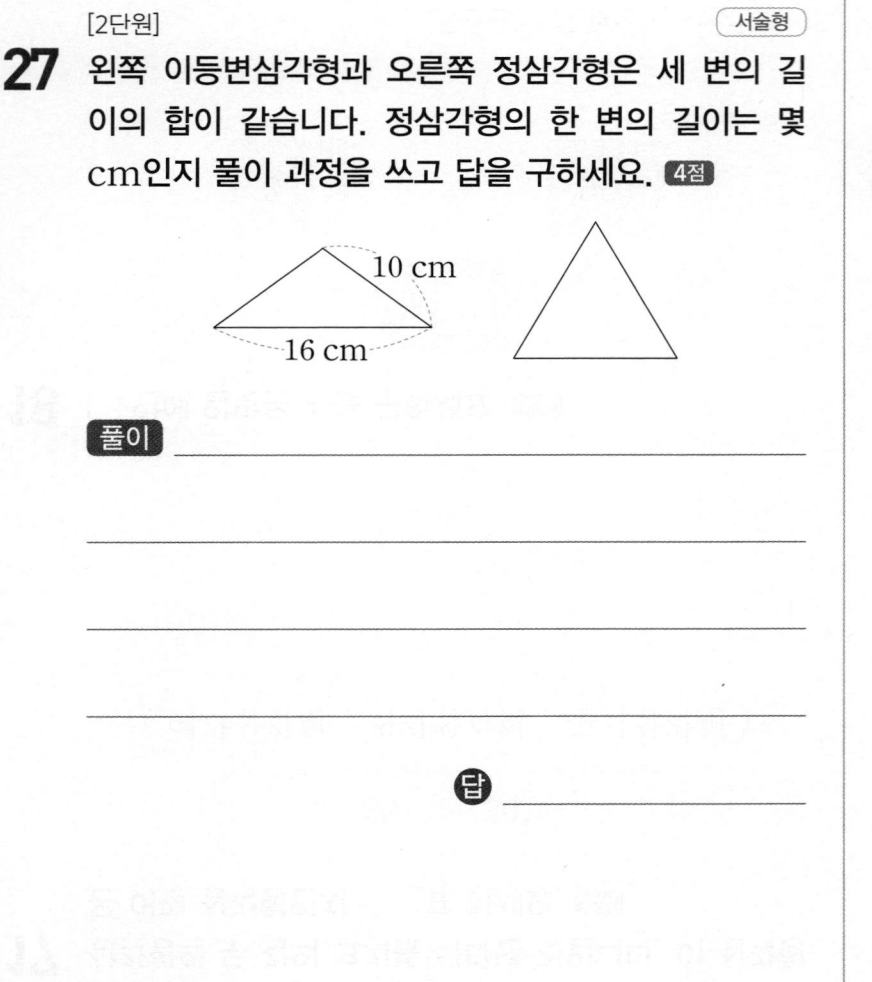

풀이 _____

_____

_____

_____

🔴답 _____

[2단원]

28 그림에서 찾을 수 있는 크고 작은 이등변삼각형은 모두 몇 개일까요? [4점]

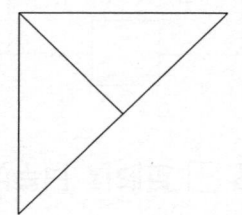

(   )

[3단원]

29 0부터 9까지의 수 중에서 □ 안에 들어갈 수 있는 수는 모두 몇 개일까요? [4점]

$$5.1\boxed{}6 < 5.142$$

(   )

[3단원] 서술형

30 집에서 학교까지의 거리는 1.6 km이고 학교에서 도서관까지의 거리는 집에서 학교까지의 거리보다 0.35 km 더 멉니다. 집에서 학교를 지나 도서관까지 가는 거리는 몇 km인지 풀이 과정을 쓰고 답을 구하세요. [4점]

풀이 _____

_____

_____

_____

🔴답 _____

단원 모의고사

점수 |

▶정답은 7쪽

[3단원]

1 전체 크기가 1인 모눈종이에 색칠된 그림을 보고 □ 안에 알맞은 수를 써넣으세요. 2점

$0.3 + 0.4 = $ 　

[1단원]

2 □ 안에 알맞은 수를 써넣으세요. 2점

$$7\frac{1}{4} - 5\frac{3}{4} = 6\frac{\square}{4} - 5\frac{3}{4} = \square$$

[3단원]

3 두 수의 크기를 비교하여 ○ 안에 >, =, <를 알맞게 써넣으세요. 2점

$$0.597 \bigcirc 0.64$$

[2단원]

4 다음 도형은 이등변삼각형입니다. □ 안에 알맞은 수를 써넣으세요. 2점

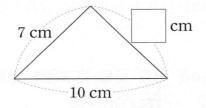

[3단원]

5 □ 안에 알맞은 수를 써넣으세요. 3점

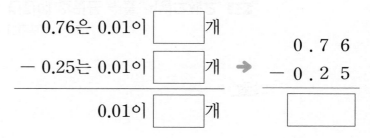

[1단원]

6 두 수의 합을 구하세요. 3점

$$\frac{3}{9} \qquad \frac{7}{9}$$

(　　　　)

[1단원]

7 수직선을 보고 □ 안에 알맞은 대분수를 써넣으세요. 3점

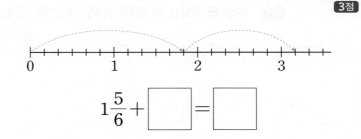

$$1\frac{5}{6} + \square = \square$$

[3단원]

8 빈칸에 알맞은 수를 써넣으세요. 3점

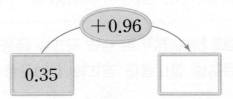

9 [2단원] 삼각형에 대한 설명으로 <u>틀린</u> 것을 찾아 기호를 쓰세요. 3점

> ㉠ 정삼각형은 이등변삼각형입니다.
> ㉡ 이등변삼각형은 예각삼각형이 아닙니다.
> ㉢ 둔각삼각형은 한 각만 둔각입니다.

( )

10 [1단원] 융합형

경주 불국사에 있는 다보탑의 높이입니다. 다보탑보다 $8\frac{1}{5}$ m 낮은 탑의 높이는 몇 m일까요? 3점

다보탑

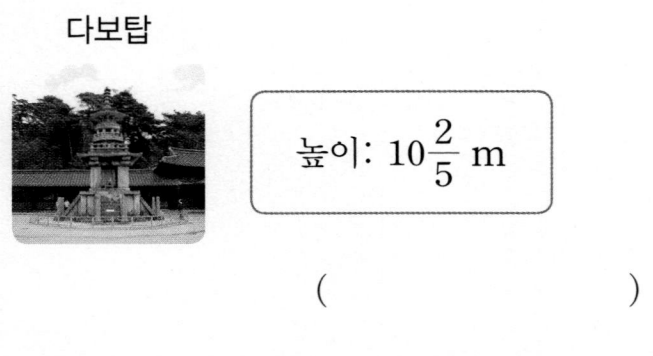

높이: $10\frac{2}{5}$ m

( )

11 [3단원] 크기가 더 큰 것을 찾아 기호를 쓰세요. 3점

> ㉠ $5.46-2.27$　　㉡ 3.18

( )

12 [2단원] 선분 ㄱㄴ의 양 끝을 한 점과 이어 예각삼각형을 그리려고 합니다. 어느 점과 이어야 할까요? 3점 ( )

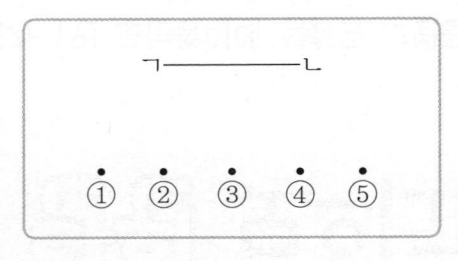

13 [1단원] 의사소통

도현이와 유진이가 석고로 만들기를 하였습니다. 두 사람이 사용한 석고는 모두 몇 g일까요? 3점

석고 $46\frac{4}{5}$ g을 사용하여 집 모양을 만들었어.

석고 $50\frac{2}{5}$ g을 사용하여 나무 모양을 만들었어.

도현　　　　유진

( )

14 [3단원] 계산 결과를 찾아 선으로 이어 보세요. 3점

$0.9-0.15$　·

$0.25+0.47$　·

· 0.72

· 0.75

· 0.83

15 [2단원] 삼각형의 세 변의 길이의 합은 몇 cm일까요? 3점

60°
5 cm
60°

( )

16 [3단원] 빈칸에 알맞은 수를 써넣으세요. 3점

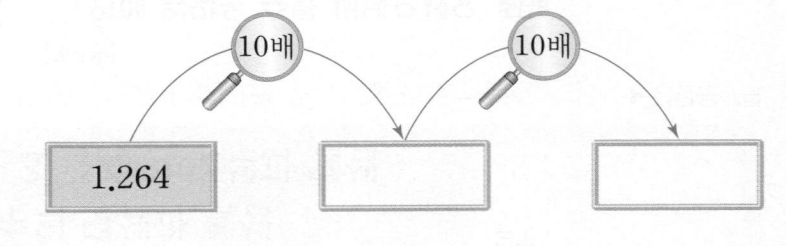

10배　　　　10배

1.264

[1단원]

17 가장 큰 수와 가장 작은 수의 합을 구하세요. 4점

$$1\frac{4}{7} \qquad 1\frac{3}{7} \qquad 3\frac{1}{7}$$

(   )

[3단원]   융합형

18 물을 끓이면 수증기로 되어 공기 중으로 날아가 물의 양이 줄어듭니다. 그림과 같이 비커에 0.75 L의 물을 담아 끓였더니 0.56 L의 물이 남았습니다. 수증기가 되어 공기 중으로 날아간 물의 양은 몇 L일까요? 4점

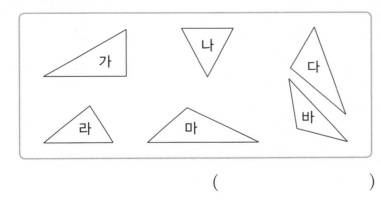

0.75 L   0.56 L

식 _____

답 _____

[2단원]

19 이등변삼각형이면서 예각삼각형인 것을 찾아 기호를 쓰세요. 4점

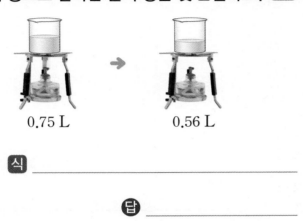

(   )

[1단원]

20 □ 안에 들어갈 수 있는 자연수를 구하세요. 4점

$$7\frac{2}{6} - 4\frac{5}{6} > \boxed{}\frac{4}{6}$$

(   )

[1단원]

21 삼각형 ㄱㄴㄷ의 세 변의 길이의 합은 $7\frac{1}{6}$ m입니다. 변 ㄱㄷ의 길이는 몇 m일까요? 4점

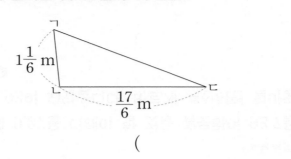

$1\frac{1}{6}$ m $\frac{17}{6}$ m

(   )

[2단원]   서술형

22 크기와 모양이 같은 이등변삼각형 2개를 겹치지 않게 이어 붙여 오른쪽 사각형을 만들었습니다. 사각형 ㄱㄴㄷㄹ의 네 변의 길이의 합이 24 cm일 때 변 ㄴㄷ의 길이는 몇 cm인지 풀이 과정을 쓰고 답을 구하세요. 4점

8 cm

풀이 _____

_____

_____

답 _____

[2단원]

23 삼각형 ㄱㄴㅁ은 변 ㄱㄴ과 변 ㄱㅁ의 길이가 같은 이등변삼각형입니다. 각 ㄴㄷㄹ의 크기는 몇 도인지 구하세요. 4점

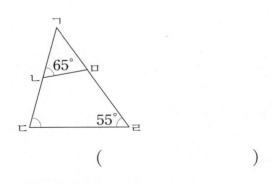

65°   55°

(   )

[3단원]

24 ㉮와 ㉯의 합을 구하세요. 4점

㉮ 0.1이 15개, 0.01이 7개인 수
㉯ 0.1이 6개, 0.01이 23개인 수

(   )

25 [2단원] 그림과 같이 직사각형 모양의 종이를 반으로 접고 선을 따라 잘라 삼각형 ㄱㄴㄷ을 만들었습니다. 각 ㄴㄱㄷ의 크기를 구하세요. 4점

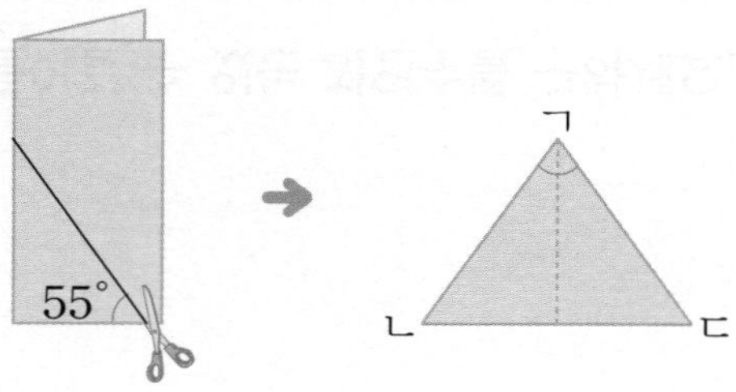

( )

26 [2단원] ▌조건▌을 모두 만족하는 삼각형의 세 각의 크기를 각각 구하세요. 4점

▌조건▌
• 직각삼각형입니다.
• 이등변삼각형입니다.

( )

27 [2단원] 그림에서 찾을 수 있는 크고 작은 둔각삼각형은 모두 몇 개일까요? 4점

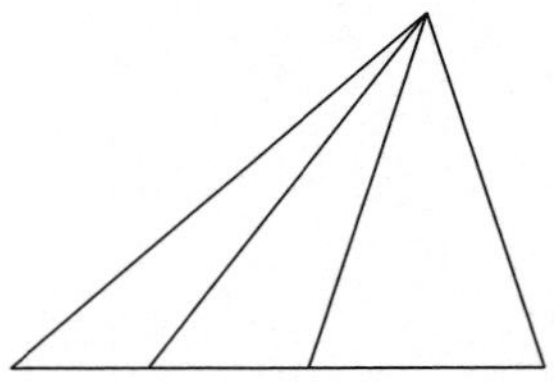

( )

28 [1단원] 추론 그림과 같이 $3\frac{4}{7}$를 넣으면 $5\frac{2}{7}$가 나오는 상자가 있습니다. 이 상자에 $\frac{20}{7}$을 넣으면 얼마가 나올까요? 4점

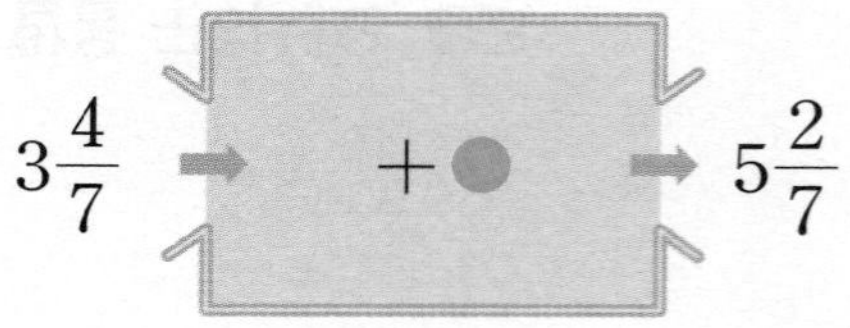

( )

29 [1단원] 서술형 길이가 85 cm인 색 테이프 3장을 $5\frac{1}{4}$ cm씩 겹치게 한 줄로 길게 이어 붙였습니다. 이어 붙인 색 테이프의 전체 길이는 몇 cm인지 풀이 과정을 쓰고 답을 구하세요. 4점

풀이 _____

_____

_____

_____

답 _____

30 [3단원] 문제 해결 어떤 수에 9.37을 더해야 할 것을 잘못하여 93.7을 뺐더니 4.93이 되었습니다. 바르게 계산하면 얼마일까요? 4점

( )

요점만화

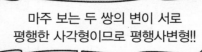
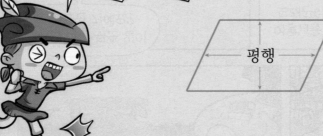
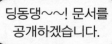

일단, 드래곤 성으로 가자.

좋았어!!

으아아아앙~!!

뭐야, 저 사람 몸이 변이 5개인 오각형으로 변했잖아.

으앙~ 내 몸은 변이 6개인 육각형으로 변했어!

대체 다들 무슨 일이 있었던 거예요?

여왕님을 구하러 갔더니 드래곤이 우릴 이 꼴로 만들었어.

헉!

다음에 덤비는 녀석은 변이 7개인 칠각형으로 만든댔어.

녀석이 그런 마법을 부릴 줄이야…….

드래곤이 선분으로만 둘러싸인 도형인 다각형으로 몸을 변하게 하고 있어! 조심해야 해.

삼각형   사각형   오각형

이왕이면 변의 길이와 각의 크기가 모두 같은 다각형인 정다각형으로 변했으면 좋겠다.

정삼각형   정사각형   정오각형

그게 좋냐?!!

훗~ 사실 나도 비슷한 마법을 부릴 수 있거든.

그럼 내 몸을 사각형으로 만들어 봐.

으하아압!!

펑

오~ 이웃하지 않는 두 꼭짓점을 선분으로 잇는 대각선 긋기 마법까지…….

근데 좀 불편해!! 원래대로 돌려 줘~!

원래대로 돌리는 주문이 뭐였더라?

알라비야뽕? 숭구리당당?

빨리 되돌려놔!

드래곤 성에서는……

꽃을 키워서 여왕님께 드리면 기뻐하시겠지?

헉! 그런데 꽃이 얼마나 자란 거지?

제가 꽃의 키의 변화를 표로 정리해 두었습니다!

꽃의 키

날짜	1	7	13	19
키(cm)	2	4	8	10

저는 꺾은선그래프로 나타내었습니다!

오호~ 수량을 점으로 표시하고, 그 점들을 선분으로 이어 그린 그래프구나!

야~ 이거 내가 만든 거잖아!

쉿! 그게 뭐가 중요해?

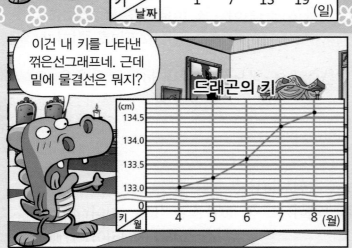

꽃의 키

이건 내 키를 나타낸 꺾은선그래프네. 근데 밑에 물결선은 뭐지?

드래곤의 키

꺾은선그래프를 그릴 때 필요 없는 부분은 물결선을 사용해서 생략할 수 있거든.

너…… 누구냐?

네가 드래곤이구나!

넌 뭐야?

여왕님을 구하러 왔다!!

여기에 여왕님 안계신데요?

거짓말 하지마. 다 알고 왔다!

나의 표정 연기가 안 먹히다니!

크아앙~ 내 최고의 살기로 혼쭐을 내줄 테다!

으악~!

한 시간 후

으아아아앗~!

언제까지 기합만 넣을 거야? 여왕님 좀 뵈러가자…….

▶정답은 9쪽

4. 사각형

1 수직 알아보기

(1) 두 직선이 만나서 이루는 각이 [①   ]일 때, 두 직선은 서로 수직이라고 합니다.

(2) 두 직선이 서로 [②   ]으로 만나면 한 직선을 다른 직선에 대한 수선이라고 합니다.

2 평행 알아보기

(1) 서로 만나지 않는 두 직선을 평행하다고 합니다.

(2) 평행선: 평행한 두 직선

3 평행선 사이의 거리 알아보기

평행선 사이의 거리: 평행선의 한 직선에서 다른 직선에 그은 수선의 길이

평행선 사이의 거리

➡ 평행선 사이의 수선의 길이는 모두 같습니다.

4 사다리꼴 알아보기

사다리꼴: 평행한 변이 한 쌍이라도 있는 사각형

평행

5 평행사변형 알아보기

평행사변형: 마주 보는 두 쌍의 변이 서로 평행한 사각형

평행

6 마름모 알아보기

마름모: 네 변의 길이가 모두 같은 사각형

7 여러 가지 사각형 알아보기

가	나	다	라	마

• 사다리꼴: 가, 나, 다, 라, [③]

• 평행사변형: 나, 라, 마   • 마름모: [④]

• 직사각형: 라, 마   • 정사각형: [⑤]

정답: ❶ 직각   ❷ 수직   ❸ 마   ❹ 라   ❺ 라

대표유형 ❶

오른쪽 도형에서 변 ㄴㄷ에 대한 수선을 찾아 쓰세요.

풀이

변 ㄴㄷ에 대한 수선은 변 ㄴㄷ과 [   ]으로 만나는 변이므로 변 [   ]입니다.

답 _____

대표유형 ❷

오른쪽 도형에서 평행한 변은 모두 몇 쌍일까요?

풀이

평행한 변은 변 [   ]과 변 [   ], 변 [   ]과 변 [   ]으로 모두 [ ]쌍입니다.

답 _____

대표유형 ❸

사다리꼴을 모두 찾아 기호를 쓰세요.

가	나	다	라

풀이

사다리꼴은 [   ]한 변이 한 쌍이라도 있는 사각형이므로 [ ], [ ], [ ]입니다.

답 _____

대표유형 ❹

평행사변형입니다. ☐ 안에 알맞은 수를 써넣으세요.

9 cm

6 cm   [ ] cm

[ ] cm

풀이

평행사변형은 마주 보는 두 [   ]의 길이가 같습니다.

▶정답은 9쪽

1 삼각자를 사용하여 직선 가에 수직인 직선을 바르게 그은 것을 찾아 ○표 하세요.

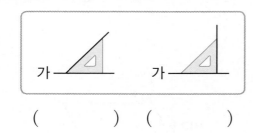

(   ) (   )

2 그림을 보고 □ 안에 알맞은 기호를 써넣으세요.

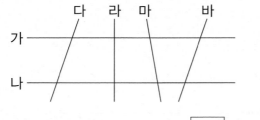

직선 다와 평행한 직선은 직선 □ 입니다.

3 평행선 사이의 거리는 몇 cm일까요?

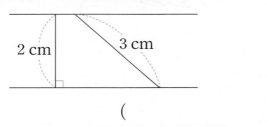

(   )

4 다음과 같은 사각형을 무엇이라고 할까요?

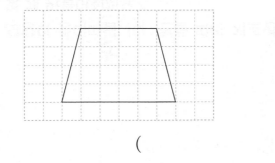

(   )

5 마름모입니다. □ 안에 알맞은 수를 써넣으세요.

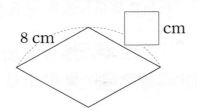

6 도형판에서 한 꼭짓점만 옮겨서 사다리꼴을 만들려고 합니다. 점 ㄱ을 어느 곳으로 옮겨야 할까요?(   )

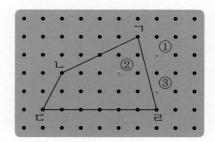

7 삼각자를 사용하여 점 ㄱ을 지나고 직선 가와 평행한 직선을 그어 보세요.

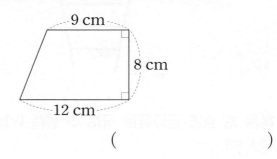

8 도형에서 평행선 사이의 거리는 몇 cm일까요?

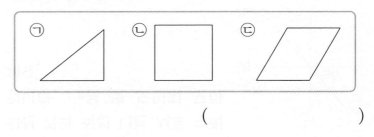

(   )

9 서로 수직인 변과 평행한 변이 모두 있는 도형을 찾아 기호를 쓰세요.

(   )

10 다음을 모두 만족하는 도형을 찾아 기호를 쓰세요.

• 4개의 선분으로 둘러싸여 있습니다.
• 마주 보는 두 쌍의 변이 서로 평행합니다.
• 네 변의 길이가 모두 같습니다.

ㄱ 사다리꼴   ㄴ 평행사변형   ㄷ 마름모

(   )

11 직사각형과 정사각형에 대한 설명입니다. 옳은 것을 모두 찾아 기호를 쓰세요.

> ㉠ 정사각형은 평행사변형입니다.
> ㉡ 직사각형은 네 각의 크기가 모두 같습니다.
> ㉢ 직사각형은 마름모입니다.

(   )

12 직사각형 모양의 종이띠입니다. 선을 따라 자르면 사다리꼴은 몇 개 만들어질까요?

(   )

서술형

13 직사각형은 평행사변형입니다. 그 이유를 쓰세요.

이유 _____

_____

14 평행사변형입니다. 네 변의 길이의 합은 몇 cm일까요?

6 cm
4 cm

(   )

15 오른쪽 마름모에서 ㉠은 몇 도인지 구하세요.

130°
㉠

(   )

16 오른쪽 도형에서 변 ㄱㄴ과 변 ㄹㄷ은 서로 평행합니다. 이 평행선 사이의 거리는 몇 cm일까요?

7 cm
4 cm
3 cm
5 cm

(   )

17 직선 가와 직선 나는 서로 수직입니다. ㉠은 몇 도인지 구하세요.

나
㉠
가 50°

(   )

창의·융합

18 사다리 그림에서 찾을 수 있는 평행선은 모두 몇 쌍일까요?

(   )

19 선분 ㄴㅁ은 선분 ㄷㅁ에 대한 수선입니다. 각 ㄷㅁㄹ의 크기는 몇 도인지 구하세요.

ㄴ ㄷ
45°
ㄱ ㅁ ㄹ

(   )

20 오른쪽 평행사변형 ㄱㄴㄷㄹ을 정삼각형과 사다리꼴로 나누었습니다. 각 ㄹㄱㅁ의 크기는 몇 도일까요?

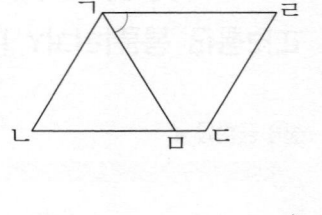

(   )

5. 꺾은선그래프

① 꺾은선그래프 알아보기
꺾은선그래프: 수량을 점으로 표시하고, 그 점들을 선분으로 이어 그린 그래프

② 꺾은선그래프의 내용 알아보기

교실의 온도

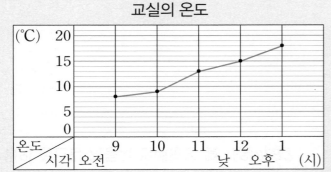

➡ 가로: 시각, 세로: **❶**

세로 눈금 한 칸의 크기: 1 ℃

온도가 가장 높은 때: 오후 **❷** 시

온도가 가장 많이 변한 때: 오전 10시와 오전 11시 사이

③ 꺾은선그래프 그리기
① 가로와 세로 중 어느 쪽에 조사한 수를 나타낼 것인가를 정하기
② 눈금 한 칸의 크기를 정하고, 조사한 수 중에서 가장 큰 수를 나타낼 수 있도록 눈금의 수 정하기
③ 가로 눈금과 세로 눈금이 만나는 자리에 점 찍기
④ 점들을 **❸** 으로 잇기
⑤ 꺾은선그래프에 알맞은 **❹** 붙이기

성진이의 몸무게

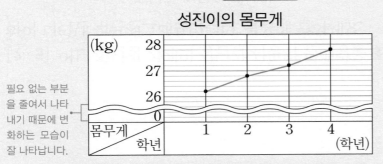

필요 없는 부분을 줄여서 나타내기 때문에 변화하는 모습이 잘 나타납니다.

➡ 꺾은선그래프를 그릴 때 필요 없는 부분은

❺ (≈)을 사용하여 생략할 수 있습니다.

④ 자료를 조사하여 꺾은선그래프 그리기
① 원하는 주제와 자료 수집 방법 정하기 →예 관찰 조사, 면접 조사, 인터넷 조사 등
② 자료를 수집하고 정리하기 →예 표로 정리하기
③ 제목과 함께 꺾은선그래프로 나타내기

정답: ❶ 온도　❷ 1　❸ 선분　❹ 제목　❺ 물결선

대표유형 ❶

윤미네 집 거실의 온도를 조사하여 나타낸 꺾은선그래프입니다. 오후 3시의 온도는 몇 ℃일까요?

거실의 온도

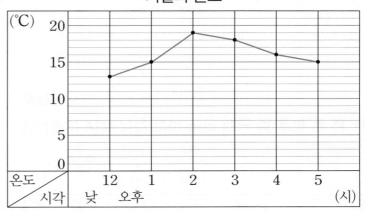

풀이

세로 눈금 한 칸의 크기가 ☐ ℃이므로 오후 3시의 온도는 ☐ ℃입니다.

답 _____

대표유형 ❷

어항의 온도를 조사하여 나타낸 표를 보고 꺾은선그래프로 나타내려고 합니다. 꺾은선그래프를 완성하세요.

어항의 온도

날짜(일)	4	5	6	7	8
온도(℃)	13.6	14	14.6	13.5	13.1

어항의 온도

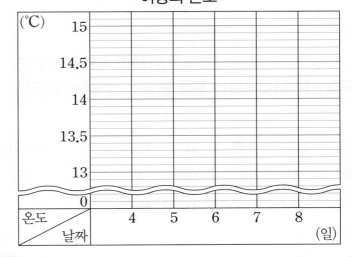

풀이

꺾은선그래프를 그리는 데 꼭 필요한 부분은 가장 낮은 온도인 ☐ ℃부터 가장 높은 온도인 ☐ ℃까지이므로 세로 눈금을 물결선 위로 13 ℃부터 시작하도록 완성합니다.

1 □ 안에 알맞은 말을 써넣으세요.

수량을 점으로 표시하고, 그 점들을 선분으로 이어 그린 그래프를 [　　　　] 라고 합니다.

[2~5] 어느 장난감 가게의 장난감 자동차 판매량을 조사하여 나타낸 꺾은선그래프입니다. 물음에 답하세요.

장난감 자동차 판매량

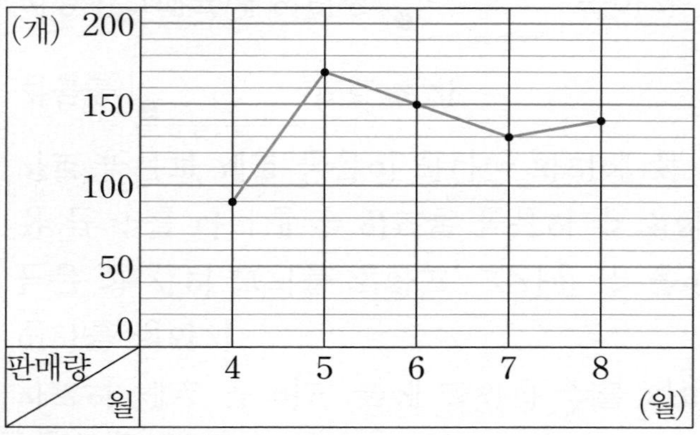

2 세로 눈금 한 칸은 몇 개를 나타낼까요?

(　　　　　　　)

3 7월의 장난감 자동차 판매량은 몇 개일까요?

(　　　　　　　)

4 장난감 자동차 판매량이 150개인 때는 몇 월일까요?

(　　　　　　　)

5 장난감 자동차 판매량이 가장 적은 달은 몇 월일까요?

(　　　　　　　)

[6~9] 지영이가 매월 꽃나무의 키를 조사하여 나타낸 표를 보고 꺾은선그래프로 나타내려고 합니다. 물음에 답하세요.

꽃나무의 키

월	3	4	5	6	7	8
키(cm)	8	12	16	24	28	32

6 꺾은선그래프의 가로에 월을 나타낸다면 세로에는 무엇을 나타내는 것이 좋을까요?

(　　　　　　　)

7 꺾은선그래프로 나타낼 때 세로 눈금 한 칸의 크기로 알맞은 것에 ○표 하세요.

(2 cm , 5 cm)

8 위의 표를 보고 꺾은선그래프로 나타내세요.

꽃나무의 키

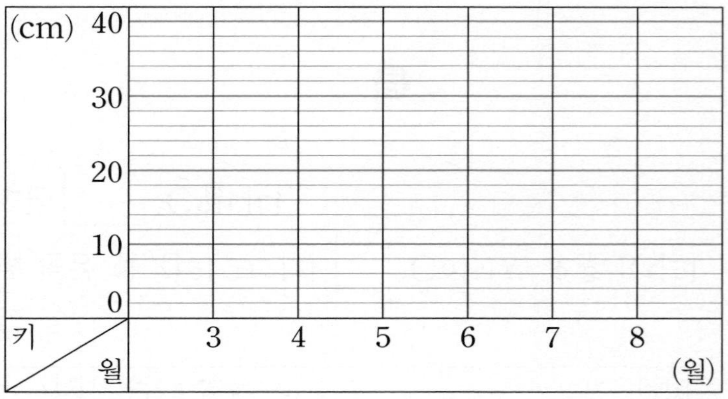

9 꽃나무의 키가 가장 많이 변한 때는 몇 월과 몇 월 사이일까요?

(　　　　　　　)

10 막대그래프보다 꺾은선그래프로 나타내면 더 좋은 것을 모두 고르세요. ·········(　　　)

① 4학년 반별 학생 수
② 연도별 현수네 마을의 인구
③ 과수원별 사과 생산량
④ 어느 서점의 월별 책 판매량
⑤ 학생별 윗몸일으키기 횟수

[11~12] 준서네 아파트의 5년 동안 쓰레기 배출량을 조사하여 나타낸 꺾은선그래프입니다. 물음에 답하세요.

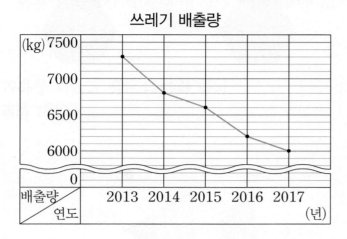

쓰레기 배출량

11 2014년은 2013년보다 쓰레기 배출량이 몇 kg 줄었을까요?

(   )

12 쓰레기 배출량은 어떻게 변하고 있을까요?

(   )

[13~15] 어느 마을의 인구를 매년 조사하여 나타낸 표를 보고 꺾은선그래프로 나타내려고 합니다. 물음에 답하세요.

마을의 인구

연도(년)	2013	2014	2015	2016	2017
인구(명)	25400	25000	24800	25200	25400

13 세로 눈금은 물결선 위로 얼마부터 시작하는 것이 좋을지 기호를 쓰세요.

> ㉠ 24000명   ㉡ 26000명

(   )

14 위의 표를 보고 꺾은선그래프로 나타내세요.

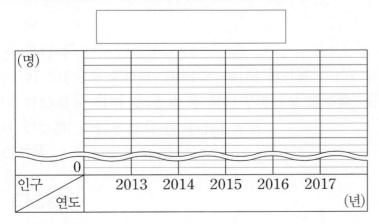

15 인구가 같은 해는 몇 년과 몇 년일까요?

(   )

[16~17] 어느 유기견 보호소에 있는 유기견 수를 조사하여 나타낸 꺾은선그래프입니다. 물음에 답하세요.

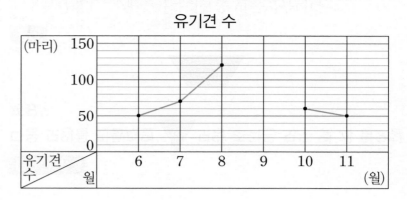

유기견 수

16 8월은 6월보다 유기견 수가 몇 마리 늘어났나요?

(   )

17 9월의 유기견 수는 몇 마리였을까요?

(   )

[18~20] 선아와 연아의 몸무게를 조사하여 나타낸 꺾은선그래프입니다. 물음에 답하세요.

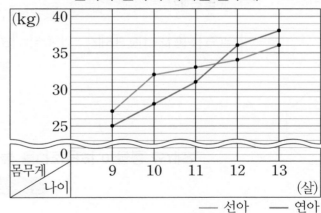

선아와 연아의 나이별 몸무게

— 선아   — 연아

18 9살 때 선아와 연아의 몸무게의 차는 몇 kg일까요?

(   )

19 연아의 몸무게가 선아보다 무거워지기 시작한 때는 몇 살과 몇 살 사이일까요?

(   )

추론

20 선아와 연아의 몸무게의 차가 가장 큰 때는 몇 살일까요?

(   )

▶정답은 12쪽

6. 다각형

① 다각형
(1) 다각형: 선분으로만 둘러싸인 도형
(2) 다각형은 변의 수에 따라 변이 6개이면 **육각형**, 변이 7개이면 **칠각형**, 변이 8개이면 **팔각형**이라고 부릅니다.
(예)

오각형 　　 ❶ [　　　] 　　 칠각형

② 정다각형
정다각형: 변의 길이가 모두 같고, 각의 크기가 모두 같은 다각형
(예)

정삼각형 　 정사각형 　 ❷ [　　　　]

③ 대각선
대각선: 다각형에서 선분 ㄱㄷ, 선분 ㄴㄹ과 같이 서로 이웃하지 않는 두 꼭짓점을 이은 선분

④ 모양 만들기
(예) 다각형으로 만든 모양

정삼각형　　　　　사다리꼴

❸ [　　　　]

⑤ 모양 채우기
모양을 채우고 있는 다각형 찾기

→ 정삼각형 ❹ [　] 개 　|　 → 평행사변형 ❺ [　] 개

정답: ❶ 육각형　❷ 정오각형　❸ 정육각형　❹ 6　❺ 3

대표유형 ❶

다각형이 <u>아닌</u> 것의 기호를 쓰세요.

ㄱ　　　ㄴ

풀이

다각형은 [　　] 으로만 둘러싸인 도형인데 [　] 은 곡선도 있기 때문에 다각형이 아닙니다.

답 _____

대표유형 ❷

오른쪽 정다각형의 이름을 쓰세요.

풀이

변의 수가 [　] 개인 정다각형이므로 [　　　　] 입니다.

답 _____

대표유형 ❸

오른쪽 오각형에 그을 수 있는 대각선은 모두 몇 개일까요?

풀이

서로 이웃하지 않는 두 꼭짓점을 모두 선분으로 이어 보면 선분이 [　] 개이므로 대각선은 모두 [　] 개입니다.

답 _____

대표유형 ❹

다음 모양을 만들려면 ▲ 모양 조각은 모두 몇 개 필요할까요?

풀이

정삼각형 [　] 개로 사다리꼴을 만들었습니다.

답 _____

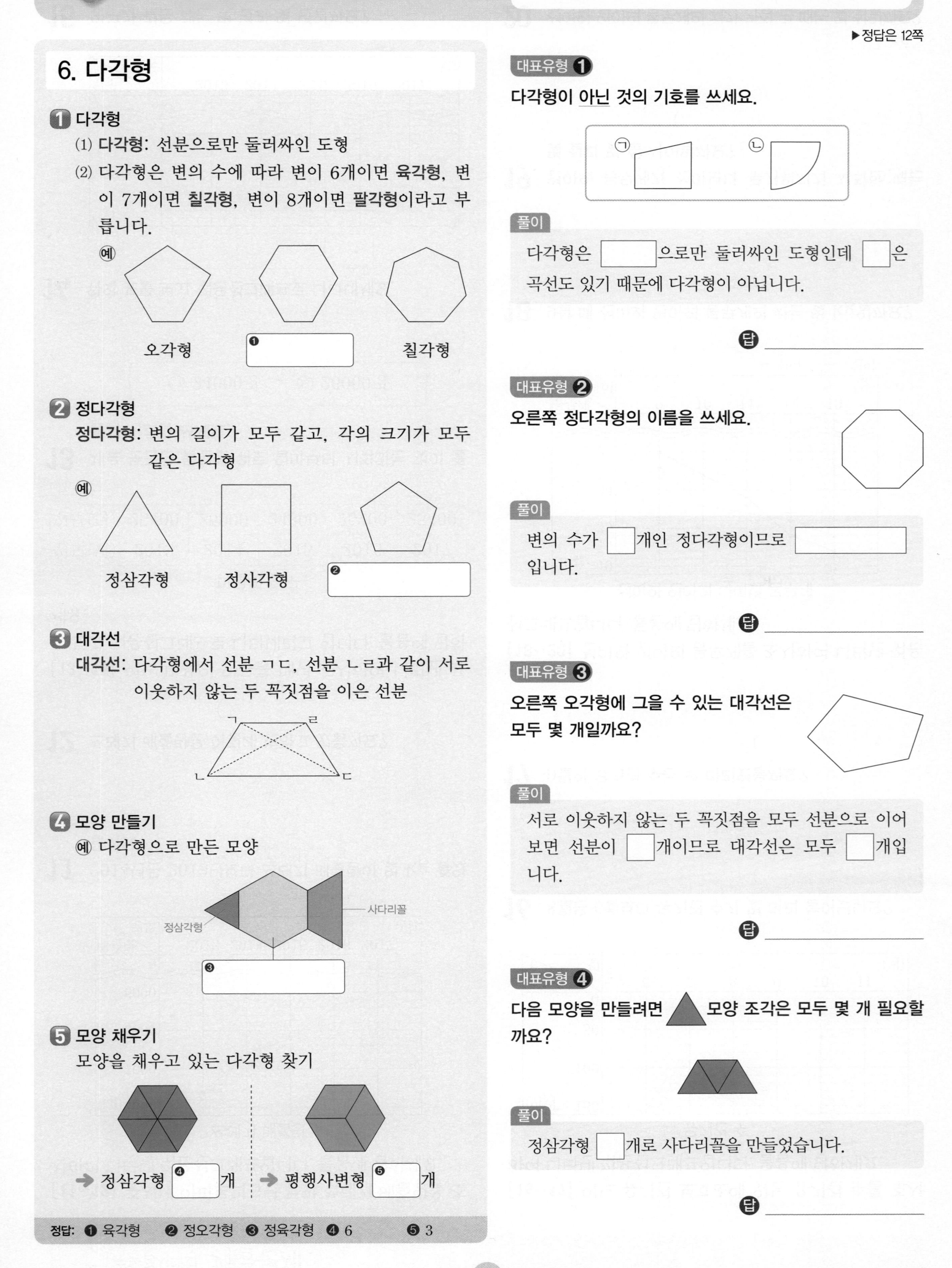

▶정답은 12쪽

1 □ 안에 알맞은 말을 써넣으세요.

선분으로만 둘러싸인 도형을 [ ] 이라고 합니다.

[2~3] 그림을 보고 물음에 답하세요.

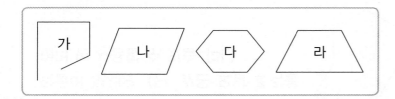

가   나   다   라

2 다각형이 <u>아닌</u> 것을 찾아 기호를 쓰세요.

(   )

3 도형 다의 이름은 무엇일까요?

(   )

4 빈칸에 알맞은 말을 써넣으세요.

다각형의 변의 수(개)	다각형의 이름
4	사각형
5	

5 변이 10개인 정다각형의 이름을 쓰세요.

(   )

6 점 종이에 그려진 선분을 이용하여 팔각형을 완성해 보세요.

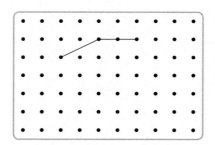

7 정오각형을 모두 찾아 기호를 쓰세요.

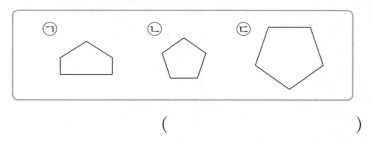

ㄱ   ㄴ   ㄷ

(   )

8 다음 도형에 대각선을 모두 그어 보세요.

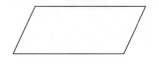

9 사각형 ㄱㄷㅁㅅ에서 대각선을 찾아 쓰세요.

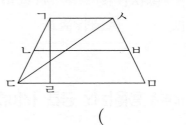

(   )

10 모양을 만드는 데 사용한 다각형을 모두 찾아 이름을 쓰세요.

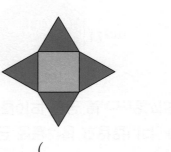

(   )

11 , 2가지 모양 조각으로 평행사변형을 채워 보세요. (단, 같은 모양 조각을 여러 번 사용할 수 있습니다.)

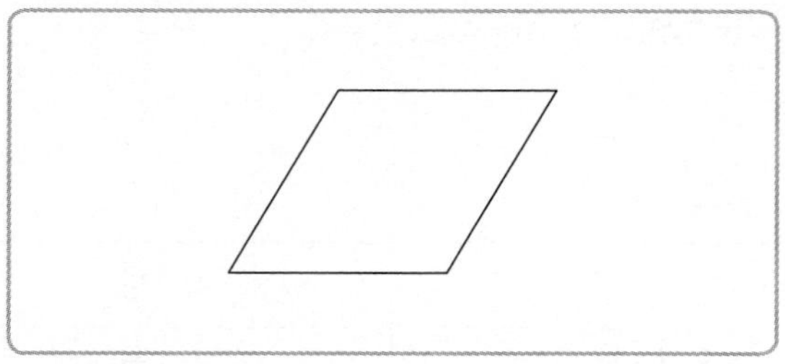

[12~13] 모양 조각을 보고 물음에 답하세요.

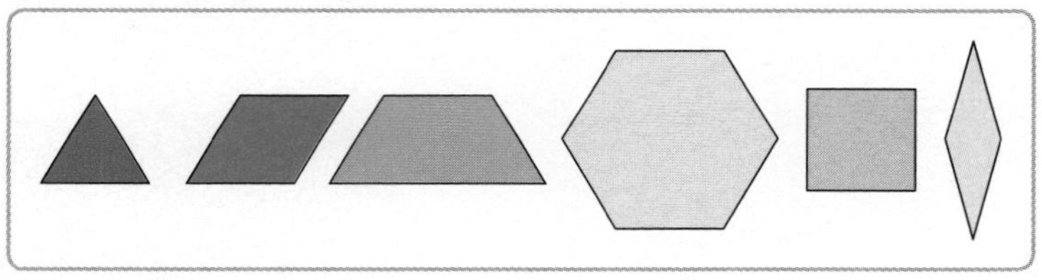

12 모양 조각을 사용하여 오각형을 만들어 보세요.

13 모양 조각을 사용하여 오른쪽 모양을 만들어 보세요. (단, 같은 모양 조각을 여러 번 사용할 수 있습니다.)

추론

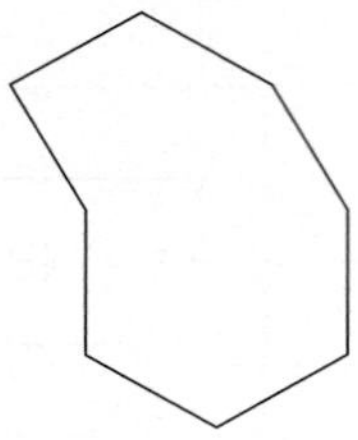

14 육각형에 그을 수 있는 대각선의 수는 모두 몇 개일까요?

( )

15 대각선의 수가 가장 많은 다각형을 찾아 기호를 쓰세요.

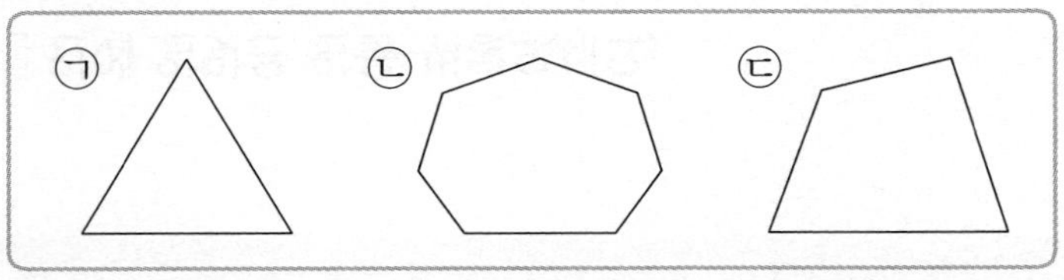

( )

융합형

16 다음 안전 표지판은 정팔각형 모양입니다. 이 안전 표지판의 모든 변의 길이의 합은 몇 cm일까요?

정지 STOP 12 cm

( )

17 두 대각선의 길이가 같은 사각형을 보기 에서 모두 찾아 쓰세요.

보기

사다리꼴   평행사변형   직사각형
마름모   정사각형

( )

18 다음 모양을 채우려면  모양 조각은 몇 개 필요할까요?

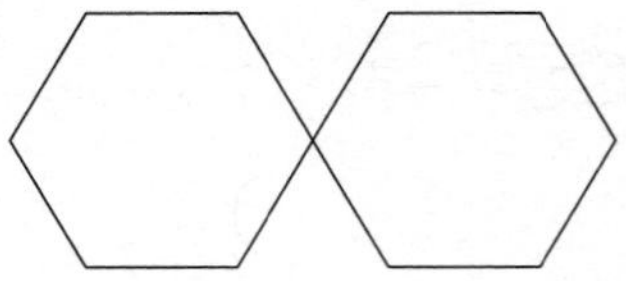

( )

19 정육각형은 한 각의 크기가 120°입니다. 정육각형의 모든 각의 크기의 합을 구하세요.

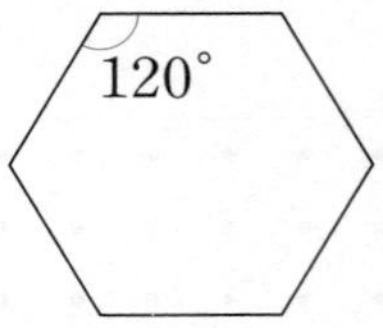

120°

( )

20 한 변이 9 cm이고 모든 변의 길이의 합이 99 cm인 정다각형이 있습니다. 이 정다각형의 이름은 무엇일까요?

( )

단원 모의고사 4. 사각형 ~ 6. 다각형

점수 |

▶정답은 14쪽

[4단원]

1 두 직선이 서로 수직인 것에 ○표 하세요. 2점

(   )   (   )   (   )

[6단원]

2 다음 다각형의 변의 수는 몇 개일까요? 2점

> 구각형

(   )

[6단원]

3 정다각형의 이름을 쓰세요. 2점

(   )

[4단원]

4 주어진 선분을 사용하여 사다리꼴을 그려 보세요. 2점

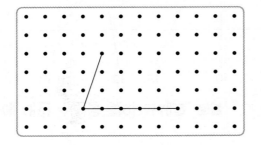

[5~8] 재영이가 방의 온도를 1시간 간격으로 재어 나타낸 꺾은선그래프입니다. 물음에 답하세요.

방의 온도

[5단원]

5 세로 눈금 한 칸은 몇 ℃일까요? 3점

(   )

[5단원]

6 방의 온도가 가장 높은 때는 몇 시일까요? 3점

(   )

[5단원]

7 방의 온도가 가장 많이 변한 때는 몇 시와 몇 시 사이일까요? 3점

(   )

[5단원] 서술형

8 오후 2시의 방의 온도는 오전 9시보다 몇 ℃ 높은지 풀이 과정을 쓰고 답을 구하세요. 3점

풀이 _____

_____

_____

답 _____

[4단원]

9 직선 가에 대한 수선을 찾아 쓰세요. 3점

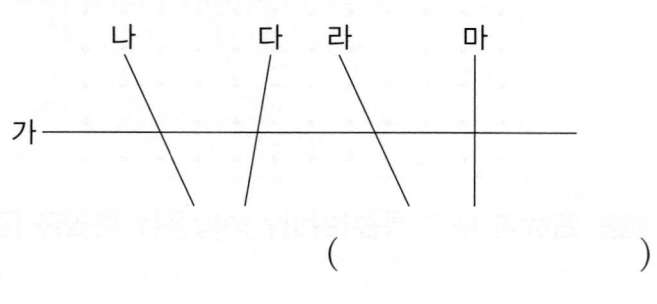

( )

[4단원]

10 마름모를 모두 찾아 기호를 쓰세요. 3점

가　　나　　다　　라

( )

[4단원]

11 도형에서 평행한 변을 찾아 쓰세요. 3점

( )

[4단원]

12 평행사변형입니다. □ 안에 알맞은 수를 써넣으세요.

3점

8 cm
6 cm
60°
□ cm
120°
□ cm

창의·융합

[13~16] 하은이가 강낭콩을 심어 관찰한 관찰 일지의 일부분입니다. 관찰 일지를 보고 꺾은선그래프로 나타내려고 합니다. 물음에 답하세요.

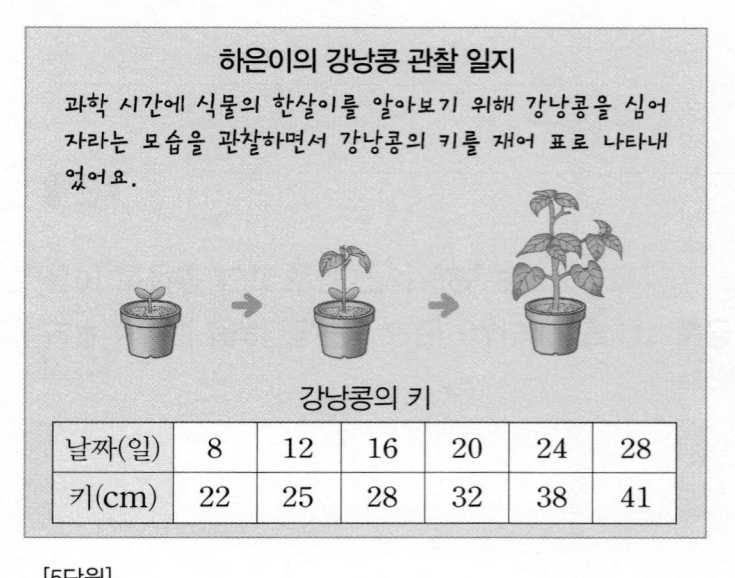

하은이의 강낭콩 관찰 일지

과학 시간에 식물의 한살이를 알아보기 위해 강낭콩을 심어 자라는 모습을 관찰하면서 강낭콩의 키를 재어 표로 나타내었어요.

강낭콩의 키

날짜(일)	8	12	16	20	24	28
키(cm)	22	25	28	32	38	41

[5단원]

13 꺾은선그래프를 그릴 때 세로 눈금은 물결선 위로 얼마부터 시작하는 것이 좋을지 기호를 쓰세요. 3점

㉠ 23 cm　　㉡ 20 cm

( )

[5단원]

14 위의 표를 보고 꺾은선그래프로 나타내세요. 3점

강낭콩의 키

[5단원]

15 강낭콩의 키가 22 cm일 때는 며칠일까요? 3점

( )

[5단원]

16 강낭콩의 키가 가장 많이 자란 때는 며칠과 며칠 사이일까요? 3점

( )

17 [6단원] 모양을 채우고 있는 다각형의 이름을 각각 쓰세요. 4점

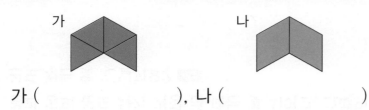

가 (   ), 나 (   )

18 [4단원] 서술형
직사각형은 정사각형일까요? '예' 또는 '아니요'로 답하고 그 이유를 쓰세요. 4점

답 _____

이유 _____

_____

_____

19 [6단원] 직사각형 ㄱㄴㄷㄹ에서 선분 ㄴㄹ의 길이는 몇 cm일까요? 4점

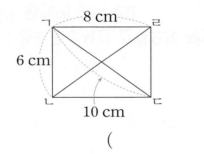

(   )

20 [6단원] 창의력
모양 조각 중 3개를 사용하여 정육각형을 만들어 보세요. 4점

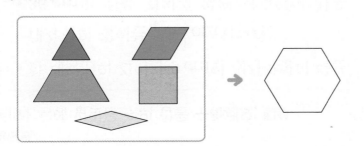

21 [6단원] 두 도형에 각각 그을 수 있는 대각선 수의 차는 몇 개인지 구하세요. 4점

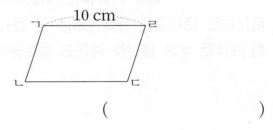

(   )

22 [6단원] 한 변이 7 m인 정십각형의 모든 변의 길이의 합은 몇 m일까요? 4점

(   )

23 [4단원] 평행사변형 ㄱㄴㄷㄹ의 네 변의 길이의 합은 32 cm입니다. 변 ㄱㄴ의 길이는 몇 cm인지 구하세요. 4점

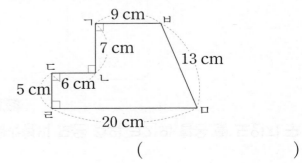

(   )

24 [4단원] 도형에서 변 ㄱㅂ과 변 ㄹㅁ은 서로 평행합니다. 이 평행선 사이의 거리는 몇 cm일까요? 4점

(   )

25 [6단원] ㉠과 ㉡에 알맞은 수의 합을 구하세요. [4점]

- 한 대각선의 길이가 9 cm인 정사각형의 다른 대각선의 길이는 ㉠ cm입니다.
- 36 cm의 실을 겹치지 않게 남김없이 사용하여 정육각형을 1개 만들면 정육각형의 한 변의 길이는 ㉡ cm입니다.

( )

[26~27] 물과 땅의 온도를 2시간 간격으로 재어 나타낸 꺾은선그래프입니다. 물음에 답하세요.

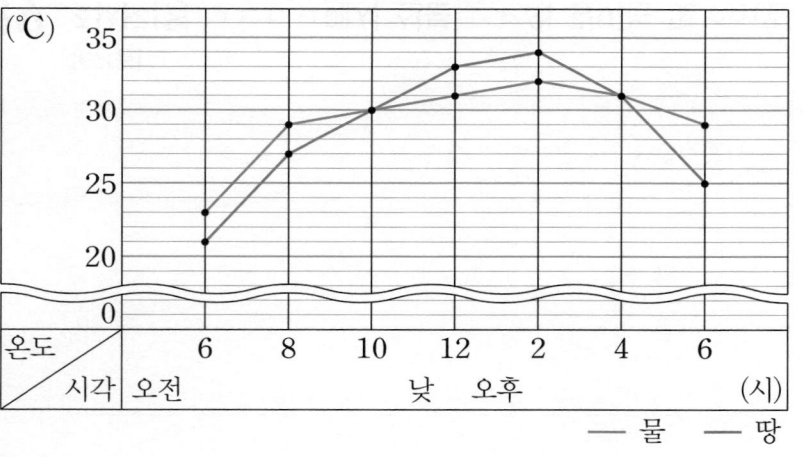

26 [5단원] 땅의 온도가 물의 온도보다 높은 때는 몇 시와 몇 시 사이일까요? [4점]

( )

27 [5단원] 물과 땅의 온도 차가 가장 큰 때는 몇 시이고, 그때의 온도 차는 몇 ℃일까요? [4점]

( ), ( )

28 [6단원] 다음 정팔각형의 모든 각의 크기의 합은 몇 도인지 구하세요. [4점]

135°

( )

29 [6단원] 다음과 같은 정육각형 모양의 철사를 펼쳐 겹치지 않게 구부려서 가장 큰 정오각형을 만든다면 정오각형의 한 변은 몇 cm인지 구하세요. [4점]

10 cm

( )

30 [4단원] [문제 해결] 직선 가와 직선 나는 서로 평행합니다. ㉠의 크기는 몇 도일까요? [4점]

가 ——— 45°
㉠
나 ——— 65°

( )

[6단원]

1 다각형의 이름을 쓰세요. 2점

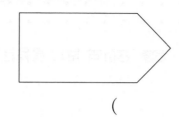

(   )

[4단원]

2 서로 수직인 변이 있는 도형에 ◯표 하세요. 2점

(   )   (   )   (   )

[6단원]

3 빈칸에 알맞은 수를 써넣으세요. 2점

변의 수(개)	다각형의 이름
	칠각형

[6단원]

4 직사각형에 대각선을 바르게 나타낸 것에 ◯표 하세요. 2점

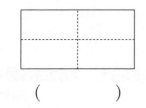   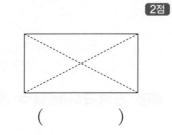

(   )   (   )

[5~8] 수혁이의 제기차기 횟수를 조사하여 나타낸 꺾은선그래프입니다. 물음에 답하세요.

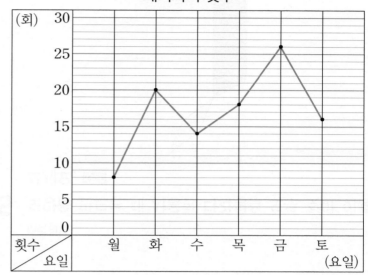

제기차기 횟수

[5단원]

5 꺾은선그래프의 가로와 세로는 각각 무엇을 나타낼까요? 3점

가로 (   )

세로 (   )

[5단원]

6 세로 눈금 한 칸은 몇 회를 나타낼까요? 3점

(   )

[5단원]

7 제기차기 횟수가 전날에 비해 가장 많이 늘어난 요일은 무슨 요일일까요? 3점

(   )

[5단원]

8 금요일에는 화요일보다 제기차기를 몇 회 더 많이 했을까요? 3점

(   )

[4단원]

9 마름모입니다. □ 안에 알맞은 수를 써넣으세요. 3점

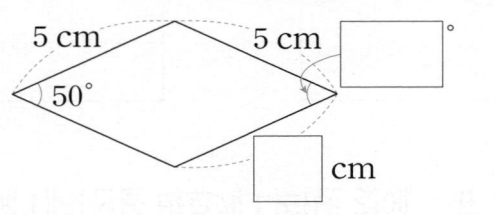

[4단원]

10 그림을 보고 서로 평행한 두 직선을 찾아 쓰세요. 3점

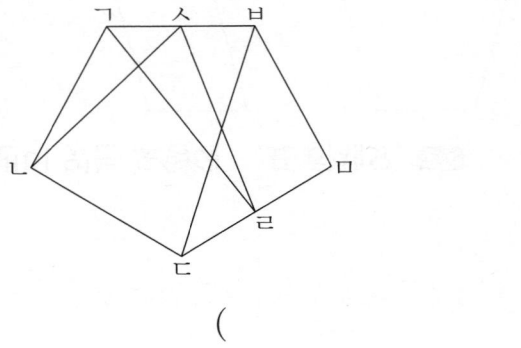

( )

[6단원]

11 오각형 ㄱㄴㄷㅁㅂ에서 대각선을 찾아 쓰세요. 3점

( )

[6단원]

12 점 종이에 칠각형을 그려 보세요. 3점

[4단원]

13 직사각형 모양의 종이띠를 선을 따라 모두 잘랐습니다. □ 안에 알맞은 기호를 써넣으세요. 3점

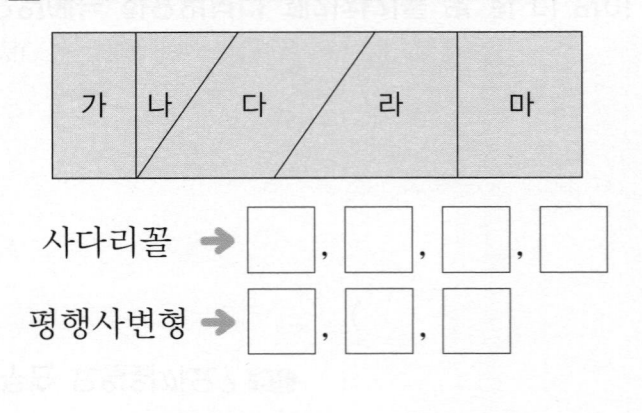

사다리꼴 ➡ □ , □ , □ , □

평행사변형 ➡ □ , □ , □

[4단원] 서술형

14 마름모는 사다리꼴입니다. 그 이유를 쓰세요. 3점

이유 _____

_____

_____

[6단원]

15 모양을 만드는 데 사용한 다각형을 모두 찾아 이름을 쓰세요. 3점

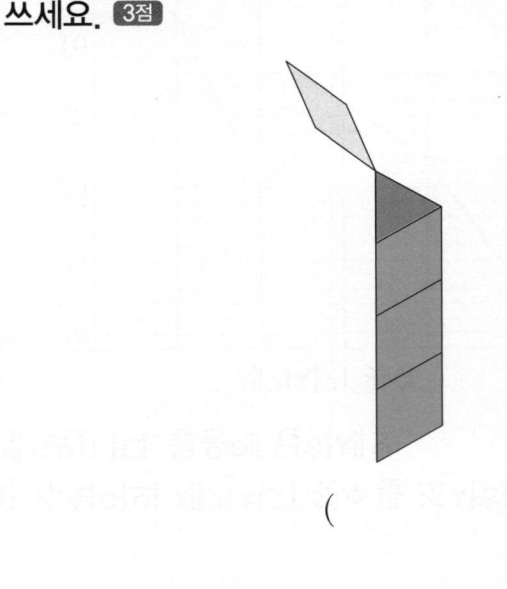

( )

[16~19] 어느 휴대전화 판매점의 휴대전화 판매량을 조사하여 나타낸 꺾은선그래프입니다. 물음에 답하세요.

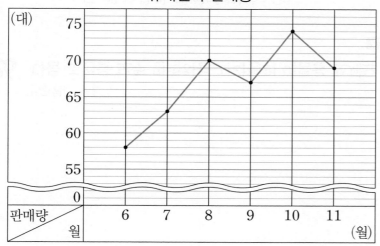

휴대전화 판매량

[5단원]

16 휴대전화가 가장 많이 팔린 달은 몇 월일까요? 3점

( )

[5단원]

17 휴대전화가 가장 적게 팔린 달의 휴대전화 판매량은 몇 대일까요? 4점

( )

[5단원]

18 휴대전화 판매량이 가장 적게 변한 때는 몇 월과 몇 월 사이일까요? 4점

( )

[5단원]

19 전달에 비해 휴대전화 판매량이 줄어든 때를 모두 쓰세요. 4점

( )

[6단원]

20 모든 변의 길이의 합이 25 cm인 정오각형입니다. 정오각형의 한 변은 몇 cm일까요? 4점

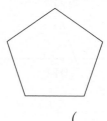

( )

[4단원]

21 도형에서 변 ㅇㅈ과 평행한 변은 모두 몇 개일까요? 4점

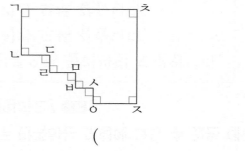

( )

[6단원]

22 두 다각형에 그을 수 있는 대각선은 모두 몇 개일까요? 4점

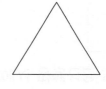 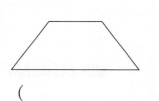

( )

[4단원]

23 평행사변형 ㄱㄴㄷㄹ에서 ㉠의 크기는 몇 도일까요? 4점

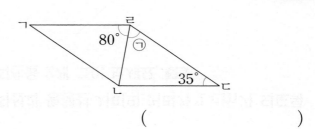

( )

[24~25] 세은이가 감기에 걸린 동안 체온을 1시간 간격으로 재어 나타낸 꺾은선그래프입니다. 물음에 답하세요.

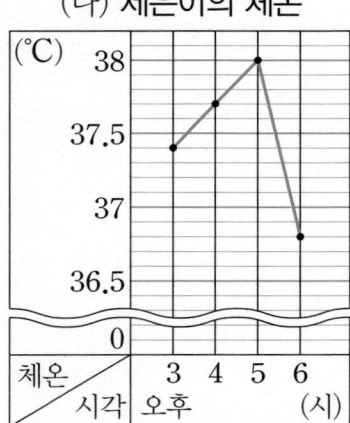

[5단원]

24 ㈎ 그래프와 ㈏ 그래프의 세로 눈금 한 칸은 각각 몇 ℃일까요? 4점

㈎ 그래프 (   )

㈏ 그래프 (   )

[5단원]   서술형

25 ㈏ 그래프의 세로 눈금이 물결선 위로 36.5부터 시작한 이유와 이렇게 나타내면 어떤 점이 좋은지 쓰세요. 4점

이유 _____

_____

좋은 점 _____

_____

[6단원]

26 다음 조건을 모두 만족하는 사각형의 이름을 쓰세요. 4점

• 두 대각선의 길이가 같습니다.
• 두 대각선이 서로 수직으로 만납니다.

(   )

[4단원]

27 주어진 직선과 평행선 사이의 거리가 1 cm가 되도록 평행한 직선을 2개 그어 보세요. 4점

[4단원]   추론

28 도형에서 평행선은 모두 몇 쌍일까요? 4점

(   )

[6단원]

29 다음 조건을 모두 만족하는 도형에 그을 수 있는 대각선은 모두 몇 개일까요? 4점

• 8개의 선분으로 둘러싸인 도형입니다.
• 변의 길이가 모두 같습니다.
• 각의 크기가 모두 같습니다.

(   )

[4단원]

30 직선 가와 직선 나는 서로 평행합니다. ㉠의 크기는 몇 도일까요? 4점

가 ——————— 110°

나 ——————— ㉠

(   )

[6단원]

1 □ 안에 알맞은 말을 써넣으세요. 2점

> 변의 길이가 모두 같고, 각의 크기가 모두 같은 다각형을 □ 이라고 합니다.

[3단원]

2 계산해 보세요. 2점

$$\begin{array}{r} 0.67 \\ -0.35 \\ \hline \end{array}$$

[1단원]

3 계산해 보세요. 2점

$$\frac{9}{11} + \frac{10}{11}$$

[4단원]

4 직선 가와 서로 수직인 직선을 찾아 ○표 하세요. 2점

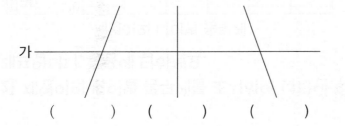

( ) ( ) ( )

[1단원]

5 수직선을 보고 □ 안에 알맞은 수를 써넣으세요. 3점

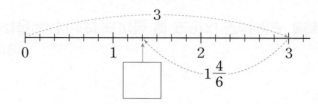

[4단원]

6 평행사변형을 모두 찾아 기호를 쓰세요. 3점

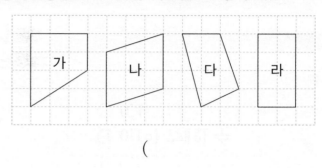

( )

[3단원]

7 사과 한 상자와 배 한 상자의 무게의 합은 몇 kg일까요? 3점

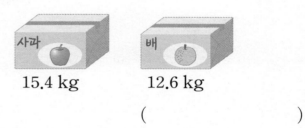

15.4 kg   12.6 kg

( )

[2단원]

8 다음 도형은 정삼각형입니다. □ 안에 알맞은 수를 써넣으세요. 3점

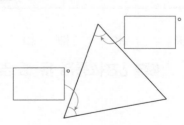

[6단원] 〔창의력〕

9 2가지 모양 조각을 사용하여 평행사변형을 만들어 보세요. (단, 같은 모양 조각을 여러 번 사용할 수 있습니다.) 3점

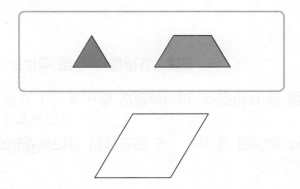

[10~12] 재영이의 나이별 몸무게를 조사하여 나타낸 꺾은선그래프입니다. 물음에 답하세요.

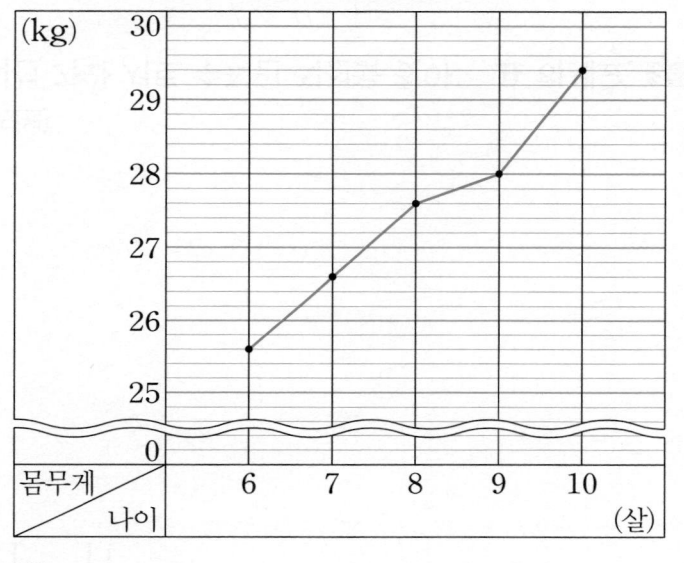

재영이의 나이별 몸무게

[5단원]

10 세로 눈금 한 칸은 몇 g일까요? 3점

( )

[5단원] 서술형

11 10살 때 재영이의 몸무게는 6살 때보다 몇 kg 몇 g 늘어났는지 풀이 과정을 쓰고 답을 구하세요. 3점

풀이 _____

_____

_____

답 _____

[5단원]

12 재영이의 몸무게가 가장 많이 늘어난 때는 몇 살과 몇 살 사이일까요? 3점

( )

[1단원] 서술형

13 수경이는 마라톤 연습으로 $3\frac{5}{9}$ km를 달려야 하는데 지금까지 $1\frac{7}{9}$ km를 달렸습니다. 수경이가 더 달려야 하는 거리는 몇 km일까요? 3점

( )

[4단원]

14 평행선은 모두 몇 쌍 있을까요? 3점

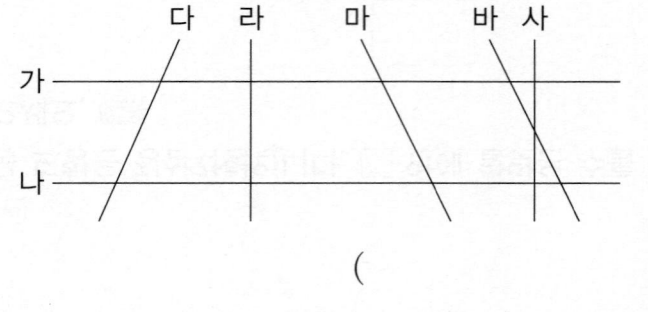

( )

[3단원]

15 ㉠과 ㉡이 나타내는 수의 합을 구하세요. 3점

㉠ 0.1이 7개인 수
㉡ 0.4

( )

[2단원]

16 삼각형에서 ㉠의 크기는 몇 도인지 구하세요. 3점

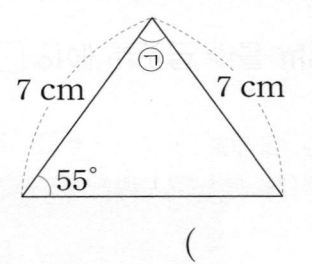

( )

[17~18] 어느 가게의 아이스크림 판매량을 조사하여 나타낸 표를 보고 꺾은선그래프로 나타내려고 합니다. 물음에 답하세요.

아이스크림 판매량

날짜(일)	4	5	6	7	8	9
판매량(개)	44	40	16	32	20	48

17 [5단원]
꺾은선그래프의 가로에 날짜를 나타낸다면 세로에는 무엇을 나타내어야 할까요? 4점

(   )

18 [5단원]
위의 표를 보고 꺾은선그래프로 나타내세요. 4점

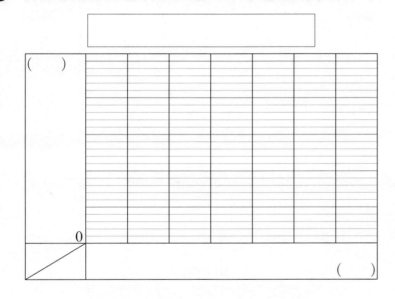

19 [1단원]
가장 큰 분수와 가장 작은 분수의 합을 구하세요. 4점

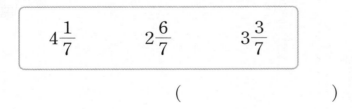

$4\frac{1}{7}$ $2\frac{6}{7}$ $3\frac{3}{7}$

(   )

20 [6단원]
가와 나 도형의 대각선 수의 합은 몇 개일까요? 4점

가   나

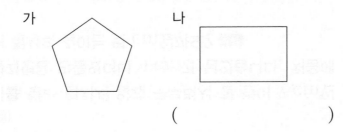

(   )

21 [4단원]
직선 가와 직선 다가 서로 수직일 때 ㉠의 크기는 몇 도인지 구하세요. 4점

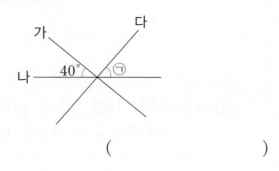

(   )

22 [4단원]
도형에서 가장 먼 평행선 사이의 거리는 몇 cm일까요? 4점

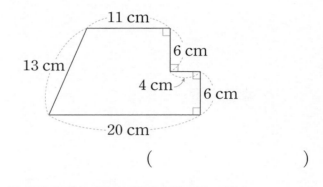

(   )

23 [3단원]   추론
□ 안에 알맞은 수를 써넣으세요. 4점

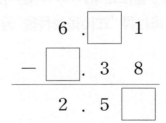

$$\begin{array}{r} 6\;.\;\square\;1 \\ -\;\square\;.\;3\;8 \\ \hline 2\;.\;5\;\square \end{array}$$

24 [2단원]
삼각형 ㄱㄴㄹ은 이등변삼각형이고, 삼각형 ㄴㄷㄹ은 정삼각형입니다. 삼각형 ㄱㄴㄹ의 세 변의 길이의 합이 30 cm일 때 사각형 ㄱㄴㄷㄹ의 네 변의 길이의 합은 몇 cm일까요? 4점

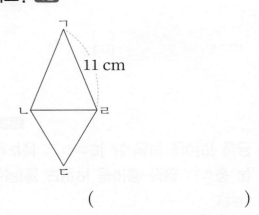

11 cm

(   )

[6단원]

25 철사를 잘라 겹치지 않게 구부려서 한 변이 7 cm인 정팔각형을 만들었더니 4 cm가 남았습니다. 처음에 있던 철사의 길이는 몇 cm일까요? 4점

( )

[3단원]

26 길이가 1.36 m인 색 테이프 2장을 그림과 같이 겹쳐서 이어 붙였습니다. 이어 붙인 전체 색 테이프의 길이는 몇 m일까요? 4점

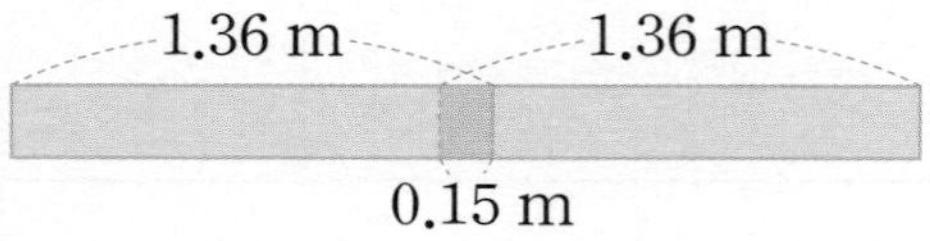
1.36 m
1.36 m
0.15 m

( )

[1단원] 서술형

27 현지네 가족이 주스 3 L 중 $1\frac{4}{5}$ L를 마셨습니다. 현지 어머니께서 주스 $1\frac{2}{5}$ L를 더 사 오셨다면 현재 주스는 몇 L인지 풀이 과정을 쓰고 답을 구하세요. 4점

풀이

답

[2단원] 창의력

28 그림과 같이 정삼각형 모양의 종이를 선분 ㄴㄷ을 따라 접었을 때, 삼각형 ㄱㄴㄷ의 세 변의 길이의 합은 몇 cm일까요? 4점

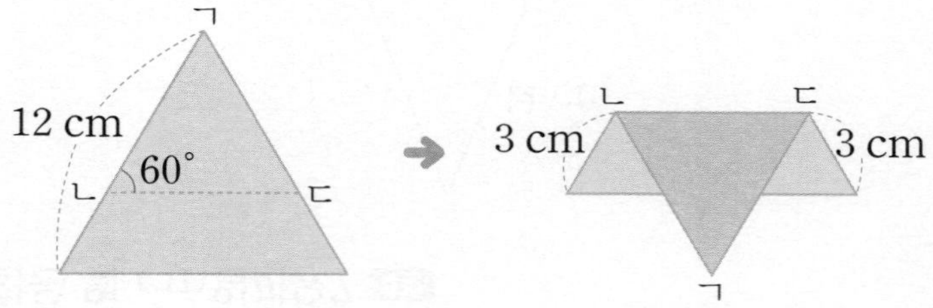
ㄱ
12 cm
60°
ㄴ
ㄷ
ㄴ
ㄷ
3 cm
3 cm
ㄱ

( )

[2단원]

29 삼각형 ㄱㄴㄷ은 정삼각형이고, 삼각형 ㅁㄷㄹ은 이등변삼각형입니다. 각 ㄱㄷㅁ의 크기를 구하세요. 4점

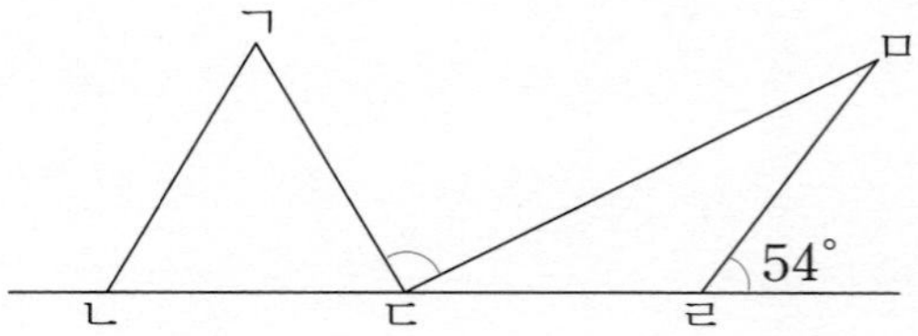
ㄱ
ㅁ
54°
ㄴ
ㄷ
ㄹ

( )

[6단원] 문제 해결

30 다음 조건을 모두 만족하는 정다각형은 모두 몇 가지일까요? 4점

- 한 변의 길이는 자연수입니다.
- 모든 변의 길이의 합이 24 cm입니다.

( )

[1단원]

1 계산해 보세요. 2점

$$7 - 5\frac{4}{17}$$

[3단원]

2 소수를 읽어 보세요. 2점

| 2.73 |

(   )

[2단원]

3 다음 도형은 정삼각형입니다. □ 안에 알맞은 수를 써 넣으세요. 2점

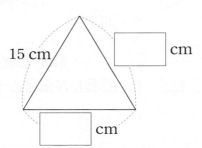

[4단원]

4 평행선을 찾아 기호를 쓰세요. 2점

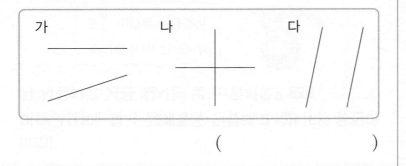

(   )

[4단원]

5 주어진 선분을 사용하여 사다리꼴을 완성하세요. 3점

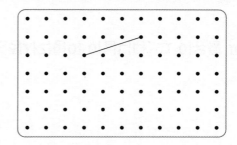

[4단원]

6 직사각형 ㄱㄴㄷㄹ에서 변 ㄷㄹ에 수직인 변을 모두 찾아 쓰세요. 3점

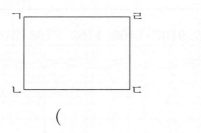

(   )

[2단원]

7 예각삼각형을 그려 보세요. 3점

[1단원]

8 계산 결과를 바르게 구한 사람의 이름을 쓰세요. 3점

$$\langle 유리 \rangle \; 2\frac{3}{4} + 1\frac{3}{4} = 4\frac{2}{4}$$

$$\langle 주환 \rangle \; 3\frac{2}{6} - 2\frac{5}{6} = 1\frac{3}{6}$$

(   )

9 [1단원]

미술 시간에 철사 공예품을 만들려고 합니다. 유진이가 사용하고 남은 철사는 몇 m일까요? 3점

> 철사를 8 m 가져와서 $5\frac{1}{6}$ m만큼 사용했어.

유진

(   )

10 [2단원]

다음 도형은 이등변삼각형입니다. ㉠과 ㉡은 각각 몇 도인지 구하세요. 3점

130°
㉠   ㉡

㉠ (   )
㉡ (   )

11 [1단원]

빈칸에 알맞은 수를 써넣으세요. 3점

$-$

| $7\frac{1}{9}$ | $2\frac{4}{9}$ | |

12 [3단원]

크기를 비교하여 ○ 안에 >, =, <를 알맞게 써넣으세요. 3점

$0.76+0.95 \bigcirc 1.69$

[13~15] 어느 과수원의 포도 생산량을 조사하여 나타낸 표를 보고 꺾은선그래프로 나타내려고 합니다. 물음에 답하세요.

포도 생산량

연도(년)	2012	2013	2014	2015	2016	2017
생산량(kg)	3200	3500	3100	3700	4200	4600

13 [5단원]

세로 눈금은 물결선 위로 얼마부터 시작하면 좋을지 기호를 쓰세요. 3점

| ㉠ 3200 kg | ㉡ 3000 kg |

(   )

14 [5단원]

위의 표를 보고 꺾은선그래프로 나타내세요. 3점

포도 생산량

(kg)

0
생산량 / 연도   2012 2013 2014 2015 2016 2017 (년)

15 [5단원]

포도 생산량이 줄어든 때는 몇 년과 몇 년 사이일까요? 3점

(   )

16 [4단원]   서술형

마름모는 정사각형이 아닙니다. 그 이유를 써 보세요. 3점

이유 _____

_____

17 [3단원]
현주는 4.5 kg의 밀가루 중에서 빵을 만드는 데 1.65 kg을 사용했습니다. 현주가 빵을 만들고 남은 밀가루의 무게는 몇 kg일까요? 4점

(   )

18 [6단원]
다음을 모두 만족시키는 도형의 이름을 쓰세요. 4점

- 선분으로만 둘러싸인 도형입니다.
- 변의 수가 10개입니다.
- 변의 길이와 각의 크기가 각각 모두 같습니다.

(   )

19 [6단원]
젖소 주변에 한 변이 5 m인 정육각형 모양의 울타리를 치려고 합니다. 울타리는 모두 몇 m일까요? 4점

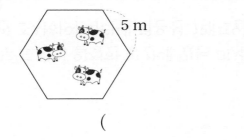
5 m

(   )

20 [3단원]
삼각형의 세 변의 길이의 합은 몇 cm일까요? 4점

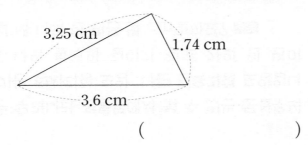
3.25 cm
1.74 cm
3.6 cm

(   )

21 [6단원]
대각선의 수가 더 많은 도형의 기호를 쓰세요. 4점

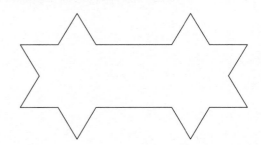
가   나

(   )

22 [6단원]
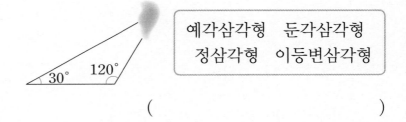 모양 조각을 모두 사용하여 다음 모양을 채워 보세요. (단, 같은 모양 조각을 여러 번 사용할 수 있습니다.) 4점

23 [2단원]   추론
삼각형의 일부가 지워졌습니다. 삼각형의 이름이 될 수 있는 것을 모두 찾아 쓰세요. 4점

30° 120°

예각삼각형   둔각삼각형
정삼각형   이등변삼각형

(   )

24 [1단원]
민서는 위인전을 어제부터 읽기 시작하여 어제는 전체의 $\frac{7}{12}$만큼, 오늘은 전체의 $\frac{3}{12}$만큼 읽었습니다. 전체의 얼마만큼을 더 읽어야 위인전을 모두 읽게 되는지 구하세요. 4점

(   )

[6단원]　　　　　　　　　　　　　　　융합형

25 가와 나는 우리나라 전통문에서 볼 수 있는 문살무늬입니다. 가는 정사각형 모양, 나는 정육각형 모양입니다. 가와 나의 둘레의 길이가 같고 가의 한 변이 30 cm일 때 나의 한 변은 몇 cm일까요? 4점

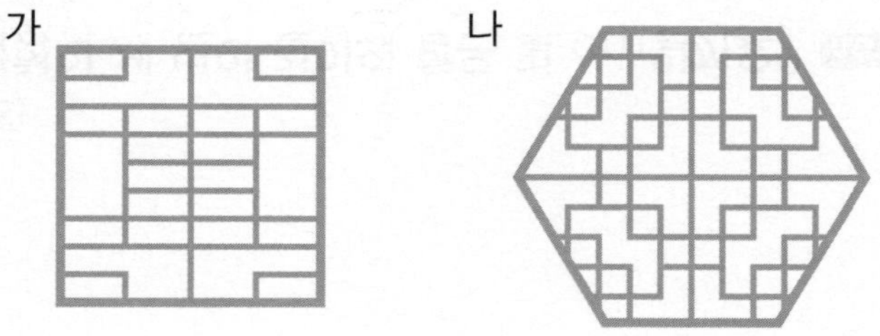

가　　　　　　　　나

(　　　　　　　　)

[26~27] ㉮와 ㉯ 두 도시의 일정한 공간에 있는 미세먼지의 양을 15일 동안 조사하여 나타낸 꺾은선그래프입니다. 물음에 답하세요.

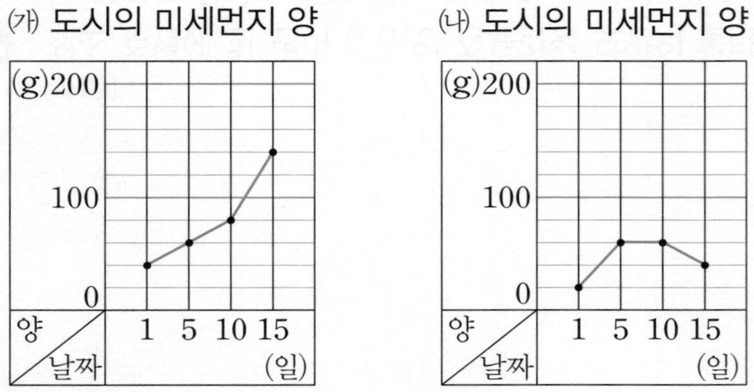

㉮ 도시의 미세먼지 양　　㉯ 도시의 미세먼지 양

[5단원]

26 미세먼지의 양이 처음에는 천천히 늘어나다가 시간이 지나면서 빠르게 늘어나는 도시는 어느 도시일까요?

4점

(　　　　　　　　)

[5단원]　　　　　　　　　　　　　　　서술형

27 조사하는 동안 미세먼지의 양이 줄어들기 시작한 도시는 어느 도시인지 쓰고 그렇게 생각한 이유를 쓰세요. 4점

답 _____

이유 _____

_____

_____

[4단원]

28 직선 가와 직선 나는 서로 평행합니다. ㉠의 크기는 몇 도인지 구하세요. 4점

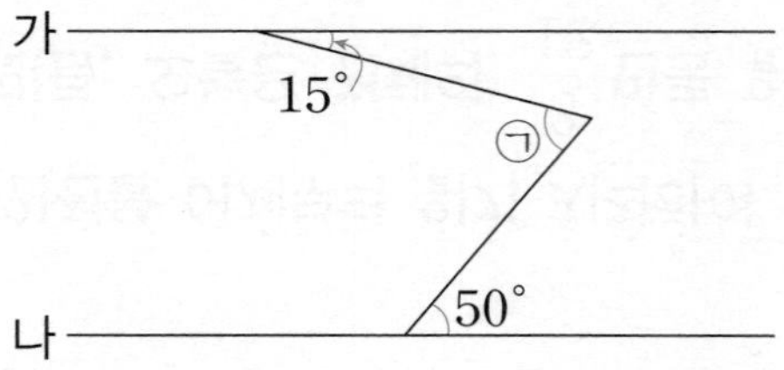

가
15°
㉠
나
50°

(　　　　　　　　)

[3단원]

29 다영이는 수직선에 39와 40 사이를 50등분하여 소수로 나타내었습니다. 다영이가 나타낸 소수 중에서 가장 큰 소수를 구하세요. 4점

(　　　　　　　　)

[2단원]　　　　　　　　　　　　　　　문제 해결

30 삼각형 ㄱㄴㅂ은 이등변삼각형입니다. 각 ㄱㅁㄷ과 각 ㄱㅂㄷ의 크기의 차를 구하세요. 4점

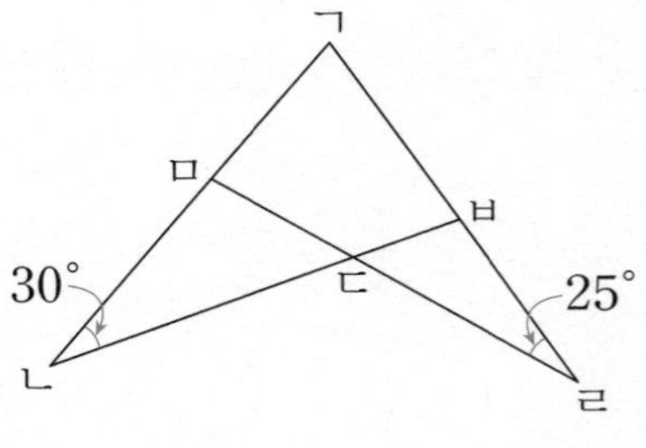

ㄱ
ㅁ　　　ㅂ
ㄷ
30°　　　　　25°
ㄴ　　　　　ㄹ

(　　　　　　　　)

1 [6단원]
□ 안에 알맞은 말을 써넣으세요. 2점

다각형은 [   ] (으)로만 둘러싸인 도형입니다.

2 [4단원]
삼각자를 사용하여 직선 가에 대한 수선을 바르게 그은 것을 찾아 ○표 하세요. 2점

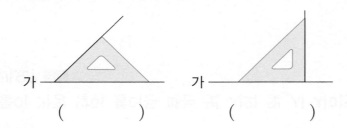

가 _____   가 _____
(　　)   (　　)

3 [6단원]
다음 정다각형의 이름을 쓰세요. 2점

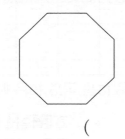

(　　　　　　　)

4 [2단원]
□ 안에 알맞은 삼각형의 이름을 써넣으세요. 2점

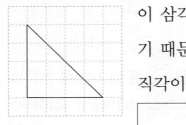

이 삼각형은 두 변의 길이가 같기 때문에 [   ] 이고 직각이 있기 때문에

[   ] 입니다.

5 [3단원]
다음 수의 소수 둘째 자리 숫자가 나타내는 수를 쓰세요. 3점

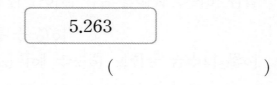

5.263

(　　　　　　　)

6 [4단원]
다음 사각형에서 평행선 사이의 거리는 몇 cm일까요? 3점

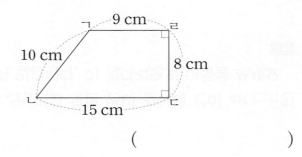

9 cm, 10 cm, 8 cm, 15 cm

(　　　　　　　)

7 [6단원]
대각선을 그을 수 없는 도형의 기호를 쓰세요. 3점

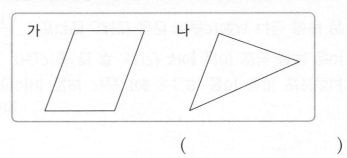

가   나

(　　　　　　　)

8 [1단원]
빈 곳에 두 수의 차를 써넣으세요. 3점

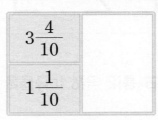

| $3\frac{4}{10}$ | |
| $1\frac{1}{10}$ | |

[3단원]

9 수민이와 동현이가 가지고 있는 색실의 길이입니다. 색실의 길이가 더 짧은 사람은 누구일까요? 3점

이름	수민	동현
색실의 길이(m)	5.19	5.23

( )

[10~12] 오전 9시에 비커에 물을 넣고 시간이 지남에 따라 비커에 남아 있는 물의 양을 조사하여 나타낸 꺾은선그래프입니다. 물음에 답하세요.

비커에 남아 있는 물의 양

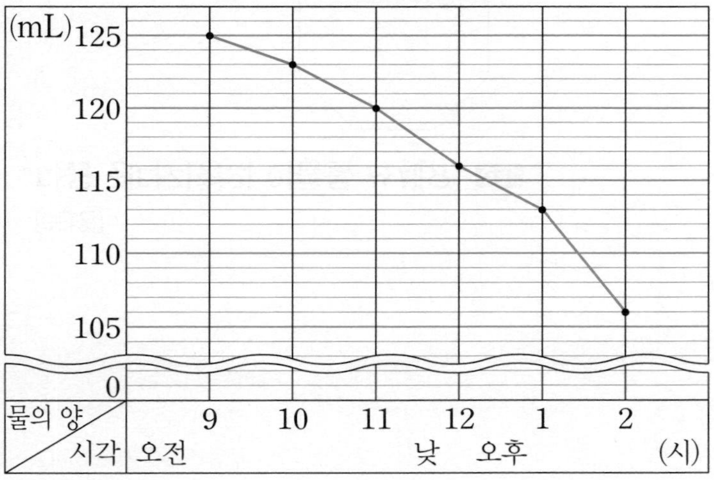

[5단원]

10 물이 가장 많이 줄어든 때는 몇 시와 몇 시 사이일까요? 3점

( )

[5단원]

11 오전 11시 30분에 비커에 남아 있는 물은 몇 mL였을까요? 3점

( )

[5단원]　　　　　　　　　　　　　　서술형

12 위 그래프를 보고 알 수 있는 점을 1가지 쓰세요. 3점

_____

_____

[4단원]

13 알파벳 중에서 평행선이 있는 것을 모두 찾아 기호를 쓰세요. 3점

ⓐ A　ⓑ E　ⓒ Z　ⓓ L　ⓔ T

( )

[1단원]

14 영선이네 집의 가습기에 3 L의 물이 들어 있었습니다. 가습기를 켠 후 3시간 뒤에 남아 있는 물의 양이 $1\frac{7}{10}$ L였다면 3시간 동안 가습기에서 나온 물의 양은 몇 L일까요? 3점

( )

[6단원]

15 한 변이 6 cm이고 모든 변의 길이의 합이 48 cm인 정다각형이 있습니다. 이 정다각형의 이름을 쓰세요. 3점

( )

[4단원]　　　　　　　　　　　　　　의사소통

16 설명이 **틀린** 사람은 누구일까요? 3점

유진 : 한 직선에 수직인 직선은 무수히 많이 그을 수 있어.

지호 : 평행선 사이의 선분 중에서 수직인 선분의 길이가 가장 길어.

도현 : 정해진 한 점을 지나고 한 직선에 수직인 직선은 1개뿐이야.

( )

[4단원]

17 오른쪽 도형의 이름이 될 수 있는 것을 모두 찾아 기호를 쓰세요. 4점

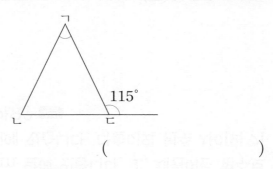

┌─────────────────────────┐
│ ㉠ 평행사변형   ㉡ 직사각형 │
│ ㉢ 마름모   ㉣ 정사각형 │
└─────────────────────────┘

( )

[1단원]

18 계산 결과가 더 큰 것의 기호를 쓰세요. 4점

$$㉠ \ 4-2\frac{1}{5} \qquad ㉡ \ \frac{3}{5}+\frac{4}{5}$$

( )

[2단원]

서술형

19 한 변이 9 cm인 정삼각형 8개를 겹치지 않게 이어 붙여 만든 사각형입니다. 사각형 ㄱㄴㄷㄹ의 네 변의 길이의 합은 몇 cm인지 풀이 과정을 쓰고 답을 구하세요. 4점

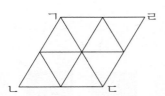

풀이 _____

_____

_____

_____

답 _____

[3단원]

20 수직선에서 ㉠과 ㉡이 나타내는 수의 합을 구하세요. 4점

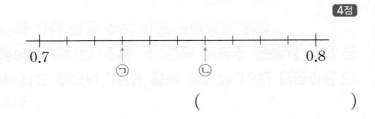

( )

[2단원]

21 삼각형 ㄱㄴㄷ은 변 ㄱㄴ과 변 ㄱㄷ의 길이가 같은 이등변삼각형입니다. 각 ㄴㄱㄷ의 크기를 구하세요. 4점

( )

[22~23] 어느 도시의 요일별 최고 기온과 최저 기온을 조사하여 나타낸 표입니다. 물음에 답하세요.

최고 기온과 최저 기온

요일	월	화	수	목	금	토
최고 기온(℃)	23	21	25	23	25	28
최저 기온(℃)	11	11	10	12	15	18

[5단원]

22 위의 표를 보고 최고 기온과 최저 기온을 꺾은선그래프로 나타내세요. 4점

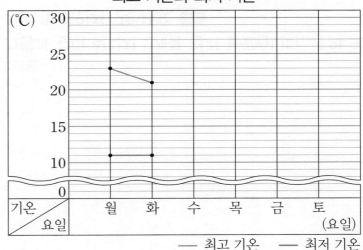

[5단원]

23 최고 기온과 최저 기온의 차가 가장 큰 날은 무슨 요일일까요? 4점

( )

[1단원]

24 수 카드 중에서 2장을 뽑아 분모가 15인 진분수를 만들려고 합니다. 만들 수 있는 진분수 중에서 가장 큰 수와 가장 작은 수의 차를 구하세요. 4점

| 5 | 9 | 11 | 14 | 15 |

(   )

[1단원]

25 분수 카드 중에서 2장을 뽑아 합이 5가 되도록 만들려고 합니다. 뽑아야 하는 카드에 쓰여 있는 분수를 쓰세요. 4점

| $1\dfrac{2}{7}$ | $2\dfrac{5}{7}$ | $3\dfrac{5}{7}$ | $4\dfrac{2}{7}$ |

(   ), (   )

[3단원]

26 어떤 수에 0.76을 더해야 할 것을 잘못하여 뺐더니 3.29가 되었습니다. 바르게 계산하면 얼마인지 구하세요. 4점

(   )

[2단원]

27 삼각형 ㄱㄴㄷ은 정삼각형이고 삼각형 ㄱㄷㄹ은 이등변삼각형입니다. 삼각형 ㄱㄴㄹ의 세 변의 길이의 합은 몇 cm일까요? 4점

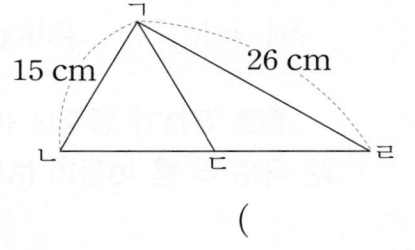

15 cm   26 cm

(   )

[6단원]

28 다음 정오각형에서 ㉠의 크기는 몇 도인지 구하세요. 4점

(   )

[2단원]

29 그림과 같이 삼각자 2개를 겹쳐 놓았습니다. ㉮의 크기는 몇 도인지 구하세요. 4점

45°　45°　　60°　30°　→　㉮

(   )

[3단원]   문제 해결

30 세정, 다솔, 채원, 현수 네 사람이 달리기를 하고 있습니다. 세정이는 다솔이보다 1.55 m 앞에 있고, 채원이보다는 2.1 m 앞에 있습니다. 또, 채원이는 현수보다 1.28 m 뒤에 있습니다. 다솔이와 현수 사이의 거리는 몇 m일까요? 4점

(   )

[4단원]
1 평행선을 찾아 기호를 쓰세요. 2점

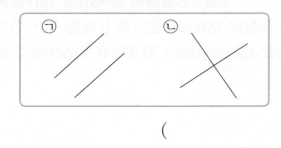

( )

[6단원]
2 다각형을 찾아 기호를 쓰세요. 2점

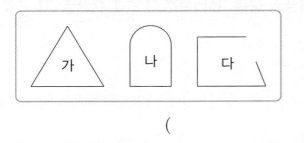

( )

[4단원]
3 서로 수직인 변이 있는 도형을 찾아 ◯표 하세요. 2점

( ) ( )

[1단원]
4 ☐ 안에 알맞은 수를 써넣으세요. 2점

$$3-2\frac{1}{3}=\frac{\boxed{}}{3}-2\frac{1}{3}=\boxed{}$$

[1단원]
5 두 수의 차를 구하세요. 3점

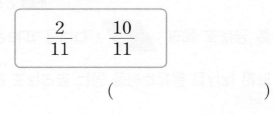

( )

[2단원]
6 세 각의 크기가 다음과 같은 삼각형이 있습니다. 이 삼각형은 예각삼각형과 둔각삼각형 중 어떤 삼각형일까요? 3점

62°　　98°　　20°

( )

[3단원]
7 식빵과 쿠키를 만드는 데 밀가루를 다음과 같이 사용했습니다. 사용한 밀가루는 모두 몇 kg일까요? 3점

식빵　　　　　쿠키

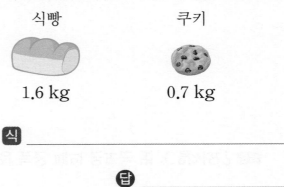

1.6 kg　　　0.7 kg

식 _____

답 _____

[4단원]
8 직사각형 ㄱㄴㄷㄹ에서 변 ㄱㄴ과 평행한 변 사이의 거리는 몇 cm인지 구하세요. 3점

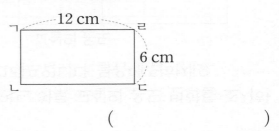

( )

[1단원]

9 $\dfrac{9}{12} + \dfrac{4}{12}$ 를 **잘못** 계산한 곳을 찾아 바르게 계산하세요. 3점

$$\dfrac{9}{12} + \dfrac{4}{12} = \dfrac{9+4}{12+12} = \dfrac{13}{24}$$

↓

[6단원]

10 정사각형 ㄱㄴㄷㄹ에서 각 ㄱㅁㄴ의 크기는 몇 도인지 구하세요. 3점

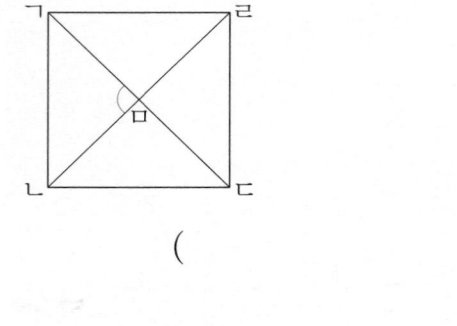

( )

[1단원]

11 물이 $2\dfrac{6}{9}$ L, 우유가 $1\dfrac{3}{9}$ L 있습니다. 물은 우유보다 몇 L 더 많을까요? 3점

식 _____

답 _____

[3단원]

12 지호가 집에서부터 놀이공원, 우체국까지의 거리를 알아보았습니다. 집에서 놀이공원까지의 거리는 집에서 우체국까지의 거리의 몇 배일까요? 3점

집~놀이공원	9.5 km
집~우체국	0.95 km

( )

[13~14] 은희가 어느 하루 교실의 온도 변화를 조사하여 나타낸 꺾은선그래프입니다. 물음에 답하세요.

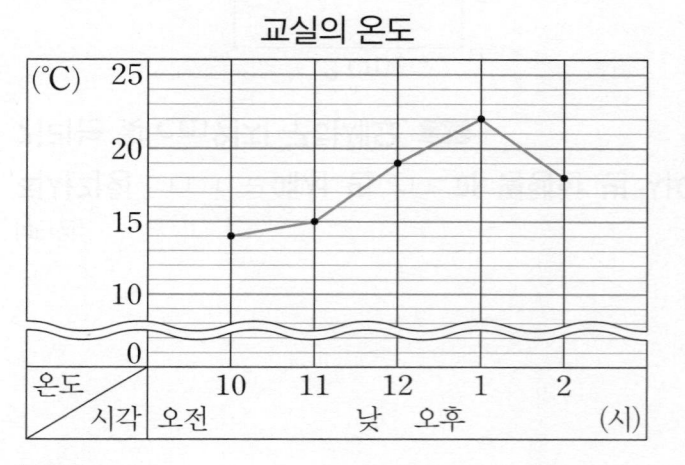

[5단원]

13 온도가 가장 높은 때의 온도는 몇 ℃일까요? 3점

( )

[5단원]

14 온도가 가장 적게 변한 때는 몇 시와 몇 시 사이일까요? 3점

( )

[5단원]

15 꺾은선그래프로 나타내기에 알맞은 것의 기호를 쓰세요. 3점

㉠ 연도별 최고 기온의 변화
㉡ 농장별 사과 생산량

( )

[6단원]

16 ◢ 모양 조각으로 다음 정육각형을 겹치지 않게 빈틈없이 채우려고 합니다. ◢ 모양 조각은 몇 개 필요할까요? 3점

( )

[6단원]

17 오른쪽 오각형에 그을 수 있는 대각선은 모두 몇 개일까요? 4점

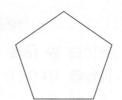

( )

[6단원] 창의·융합

18 오른쪽은 전통 창살에 있는 정팔각형 모양의 팔각 문양을 보고 그린 것입니다. 그린 정팔각형의 모든 변의 길이의 합은 몇 cm일까요? 4점

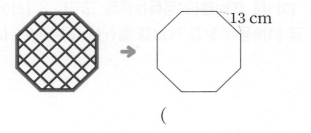

( )

[2단원]

19 삼각형의 이름이 될 수 있는 것을 ▌보기▐에서 모두 찾아 기호를 쓰세요. 4점

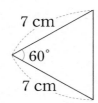

┌ 보기 ┐
㉠ 이등변삼각형 ㉡ 정삼각형
㉢ 예각삼각형 ㉣ 둔각삼각형
㉤ 직각삼각형

( )

[1단원]

20 □ 안에 들어갈 수 있는 가장 작은 수를 구하세요. 4점

$$\frac{4}{18} > \frac{7}{18} - \frac{\square}{18}$$

( )

[4단원]

21 평행사변형이라고 할 수 없는 도형을 찾아 기호를 쓰세요. 4점

┌─────────────────┐
㉠ 사다리꼴 ㉡ 직사각형
㉢ 정사각형 ㉣ 마름모
└─────────────────┘

( )

[2단원] 서술형

22 세 변의 길이의 합이 40 cm인 삼각형입니다. ㉠의 길이는 몇 cm인지 풀이 과정을 쓰고 답을 구하세요. 4점

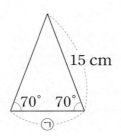

풀이 _____

_____

_____

_____

답 _____

[3단원]

23 0부터 9까지의 수 중에서 □ 안에 들어갈 수 있는 수를 모두 구하세요. 4점

$$1.9 + 4.78 < 6.\boxed{}1$$

( )

[24~25] 윤서가 강낭콩의 키의 변화를 6일 간격으로 조사하여 나타낸 꺾은선그래프입니다. 물음에 답하세요.

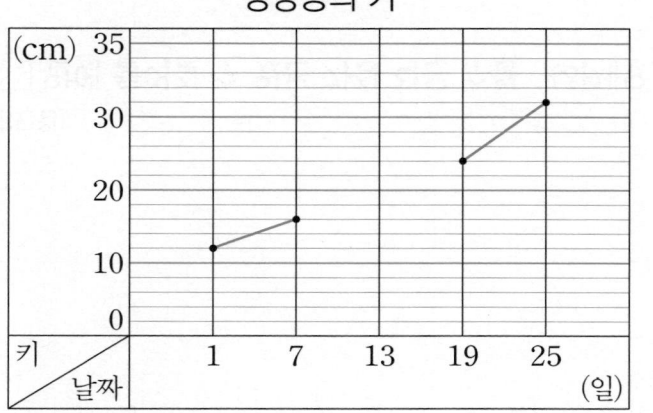

강낭콩의 키

[5단원]
24 19일과 25일 사이에는 강낭콩의 키가 몇 cm 자랐는지 구하세요. 4점

(   )

[5단원] 추론
25 강낭콩의 키는 13일에 몇 cm였을까요? 4점

(   )

[2단원]
26 길이가 78 cm인 철사를 겹치지 않게 사용하여 한 변의 길이가 3 cm인 정삼각형을 만들려고 합니다. 정삼각형을 몇 개까지 만들 수 있을까요? 4점

(   )

[3단원]
27 길이가 1.46 m인 색 테이프 2장을 0.25 m 겹쳐서 한 줄로 길게 이어 붙였습니다. 이어 붙인 색 테이프의 전체 길이는 몇 m일까요? 4점

(   )

[3단원] 서술형
28 카드를 한 번씩 모두 사용하여 소수 두 자리 수를 만들려고 합니다. 만들 수 있는 가장 큰 수와 가장 작은 수의 차는 얼마인지 풀이 과정을 쓰고 답을 구하세요. 4점

.	3	1	6

풀이 _____

_____

_____

_____

답 _____

[4단원]
29 그림에서 찾을 수 있는 크고 작은 사다리꼴은 모두 몇 개일까요? 4점

(   )

[2단원] 문제 해결
30 삼각형 ㄱㄴㄹ은 이등변삼각형입니다. ㉠의 크기는 몇 도인지 구하세요. 4점

(   )

[1단원]

1 두 수의 합을 구하세요. 2점

$$\frac{7}{12} \qquad \frac{10}{12}$$

(   )

[4단원]

2 도형에서 평행한 변은 모두 몇 쌍일까요? 2점

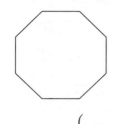

(   )

[2단원]

3 오른쪽 삼각형을 보고 바르게 설명한 것을 찾아 기호를 쓰세요. 2점

㉠ 예각이 있으므로 예각삼각형입니다.
㉡ 둔각이 있으므로 둔각삼각형입니다.

(   )

[4단원]

4 점 ㄱ을 지나고 직선 가에 수직인 직선을 그어 보세요. 2점

[4단원]

5 다음 도형은 평행사변형입니다. □ 안에 알맞은 수를 써넣으세요. 3점

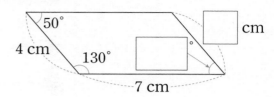

[2단원]

6 다음 도형은 정삼각형입니다. ㉠의 크기는 몇 도인지 구하세요. 3점

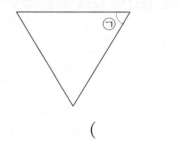

(   )

[2단원]

7 길이가 다음과 같은 막대 3개를 변으로 하여 만들 수 있는 삼각형의 이름을 ▌보기▐에서 찾아 쓰세요. 3점

6 cm   11 cm   6 cm

▌보기▐
정삼각형   이등변삼각형

(   )

[3단원]

8 철사의 길이는 0.64 m이고, 실의 길이는 0.28 m입니다. 철사와 실의 길이의 차는 몇 m일까요? 3점

식 _____

답 _____

[6단원]

9 직사각형 ㄱㄴㄷㄹ에서 선분 ㄱㄷ의 길이는 몇 cm일까요? 3점

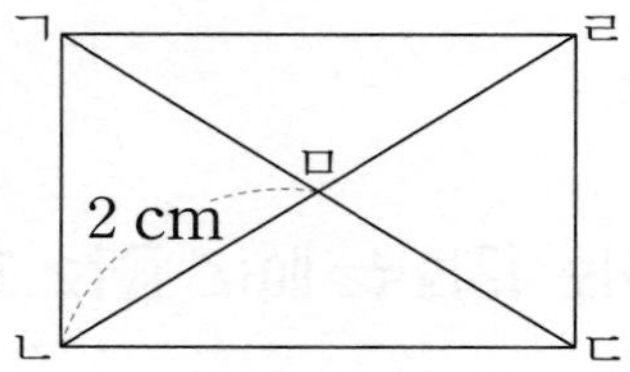

( )

[10~12] 어느 도시의 자동차 수를 조사하여 나타낸 꺾은선그래프입니다. 물음에 답하세요.

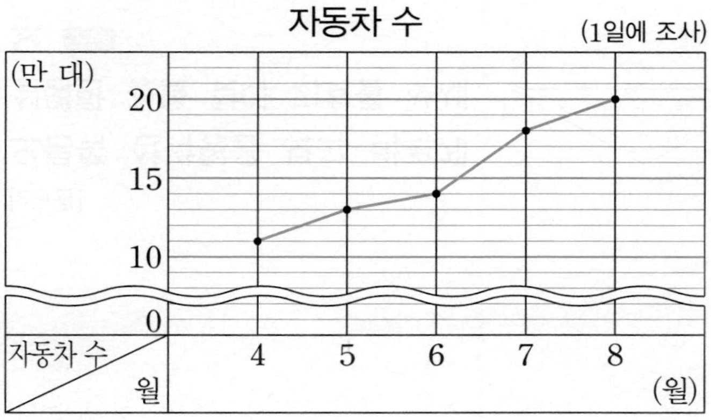

[5단원]

10 8월은 4월보다 자동차 수가 몇 만 대 늘어났을까요? 3점

( )

[5단원]

11 자동차 수가 가장 많이 변한 때는 몇 월과 몇 월 사이일까요? 3점

( )

[5단원]   추론

12 9월에는 자동차 수가 늘어날까요, 줄어들까요? 3점

( )

[1단원]   융합형

13 연주가 *미모사 새싹을 키우면서 새싹의 키를 재어 나타낸 표입니다. 3월 25일의 미모사 새싹의 키는 3월 15일보다 몇 cm 더 자랐을까요? 3점

3월 15일	3월 25일
$\dfrac{7}{5}$ cm	$10\dfrac{1}{5}$ cm

식 _____

답 _____

＊ 미모사: 브라질이 원산지이고 다 자라면 높이가 30 cm정도 되는 풀.

[6단원]

14 두 대각선이 서로 수직으로 만나는 사각형을 찾아 쓰세요. 3점

사다리꼴   평행사변형   정사각형

( )

[3단원]

15 설명하는 수에서 소수 둘째 자리 숫자를 구하세요. 3점

0.1이 6개, $\dfrac{1}{100}$이 9개,

$\dfrac{1}{1000}$이 5개인 수

( )

[3단원]

16 ㉠에 알맞은 수를 구하세요. 3점

$$6.17 - ㉠ = 2.48$$

( )

[1단원]

17 다음 덧셈의 계산 결과가 진분수일 때 □ 안에 들어갈 수 있는 자연수는 모두 몇 개일까요? 4점

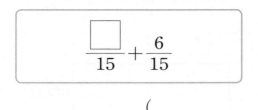

$$\frac{\square}{15} + \frac{6}{15}$$

(   )

[6단원]

18 한 변의 길이가 8 cm이고 모든 변의 길이의 합이 48 cm인 정다각형이 있습니다. 이 정다각형의 이름을 쓰세요. 4점

(   )

[19~20] 미주네 마을 학생 수를 조사하여 나타낸 꺾은 선그래프입니다. 물음에 답하세요.

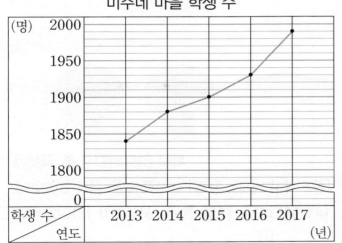

미주네 마을 학생 수

[5단원]

19 학생 수가 가장 적게 늘어난 때는 전년에 비해 몇 명 더 늘어났는지 쓰세요. 4점

(   )

[5단원] 서술형

20 위의 꺾은선그래프를 보고 알 수 있는 사실을 두 가지 쓰세요. 4점

사실 ①
_____

_____

②
_____

_____

[6단원] 창의력

21 보기의 2가지 모양 조각으로 오른쪽 사다리꼴을 채우려고 합니다. 모양 조각을 2개만 사용한다면 모양 조각은 몇 개 필요할까요? 4점

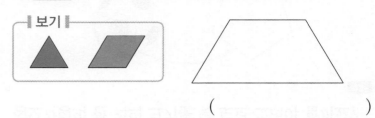

보기

(   )

[4단원]

22 철사 50 cm를 겹치지 않게 사용하여 한 변의 길이가 11 cm인 마름모를 만들었습니다. 마름모를 만들고 남은 철사의 길이는 몇 cm일까요? 4점

(   )

[1단원] 융합형

23 *퇴적암 만들기 실험을 하기 위해 페트병에 모래, 자갈, 풀을 다음과 같이 넣었습니다. 페트병에 넣은 모래, 자갈, 풀의 무게는 모두 몇 g일까요? 4점

모래	자갈	풀
$90\frac{4}{7}$ g	$65\frac{5}{7}$ g	$5\frac{6}{7}$ g

(   )

* 퇴적암: 오랜 시간 동안 퇴적물이 단단하게 굳어져 된 암석

[2단원]

24 다음 이등변삼각형과 세 변의 길이의 합이 같은 정삼각형을 만들려고 합니다. 정삼각형의 한 변의 길이를 몇 cm로 해야 할까요? 4점

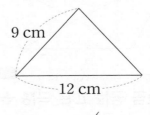

9 cm

12 cm

(   )

[3단원]

25 민주는 미술 시간에 찰흙 4.5 kg 중에서 3.72 kg을 사용하고 1.86 kg을 더 샀습니다. 민주가 지금 가지고 있는 찰흙은 몇 kg일까요? **4점**

(   )

[3단원]

26 마법 주머니가 있습니다. 빨강 주머니에 들어갔다 나오면 길이가 10배가 되고, 파랑 주머니에 들어갔다 나오면 길이가 들어가기 전 길이의 $\frac{1}{10}$이 됩니다. 장호는 길이가 0.4 m인 끈을 빨강 주머니에 1번, 파랑 주머니에 2번 들어갔다 나오게 했습니다. 지금 끈의 길이는 몇 m일까요? **4점**

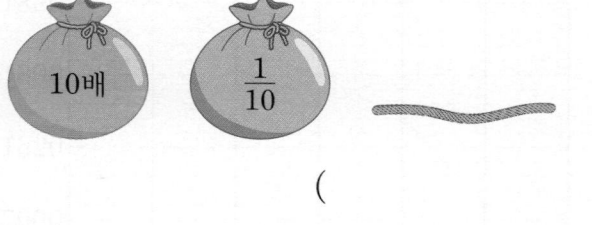

(   )

[4단원]

27 도형에서 평행선 사이의 거리 중 가장 긴 거리는 몇 cm인지 구하세요. **4점**

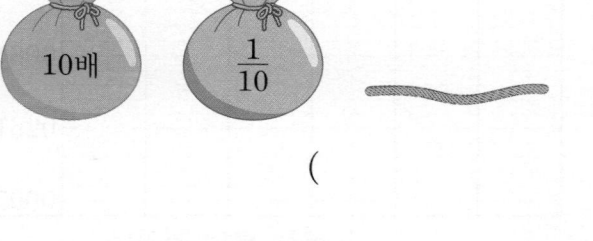

(   )

[2단원]

28 그림에서 찾을 수 있는 크고 작은 둔각삼각형은 모두 몇 개일까요? **4점**

(   )

[1단원] 　　　　　　　　　　　　　　　　　（서술형）

29 밀가루 8 kg이 있습니다. 식빵 한 개를 만드는 데 밀가루가 $2\frac{4}{7}$ kg 필요합니다. 만들 수 있는 식빵은 몇 개이고, 남는 밀가루는 몇 kg인지 풀이 과정을 쓰고 답을 구하세요. **4점**

풀이 _____

_____

_____

_____

답 _____ , _____

[6단원] 　　　　　　　　　　　　　　　　　（문제 해결）

30 시영이가 축구공에 있는 정오각형을 그리려고 합니다. 정오각형의 한 각의 크기를 몇 도로 그려야 할까요?

4점

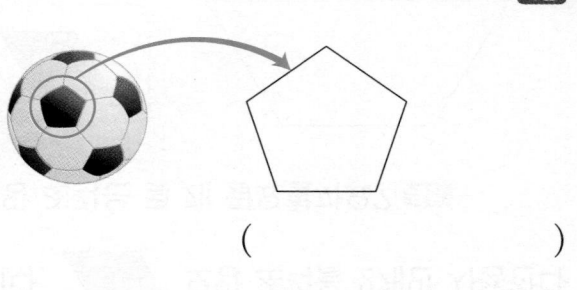

(   )

▶정답은 12쪽

6. 다각형

1 다각형

(1) 다각형: 선분으로만 둘러싸인 도형

(2) 다각형은 변의 수에 따라 변이 6개이면 **육각형**, 변이 7개이면 **칠각형**, 변이 8개이면 **팔각형**이라고 부릅니다.

⒠

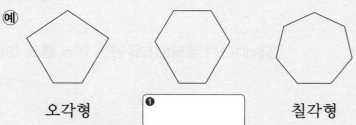

오각형　　❶[　　　　]　　칠각형

2 정다각형

정다각형: 변의 길이가 모두 같고, 각의 크기가 모두 같은 다각형

⒠

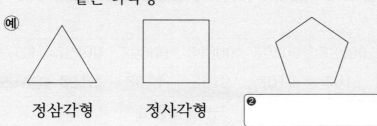

정삼각형　　정사각형　　❷[　　　　]

3 대각선

대각선: 다각형에서 선분 ㄱㄷ, 선분 ㄴㄹ과 같이 서로 이웃하지 않는 두 꼭짓점을 이은 선분

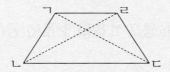

4 모양 만들기

⒠ 다각형으로 만든 모양

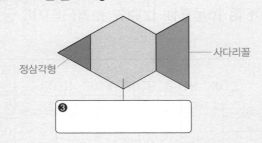

정삼각형　　　사다리꼴

❸[　　　　]

5 모양 채우기

모양을 채우고 있는 다각형 찾기

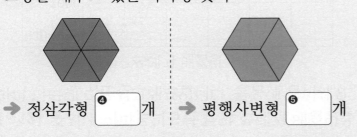

→ 정삼각형 ❹[　] 개　　→ 평행사변형 ❺[　] 개

정답: ❶ 육각형　**❷** 정오각형　**❸** 정육각형　**❹** 6　**❺** 3

수학경시대회 대표유형 문제

대표유형 ❶

다각형이 <u>아닌</u> 것의 기호를 쓰세요.

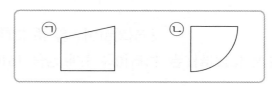

풀이

다각형은 [　　　]으로만 둘러싸인 도형인데 [　]은 곡선도 있기 때문에 다각형이 아닙니다.

답 _____

대표유형 ❷

오른쪽 정다각형의 이름을 쓰세요.

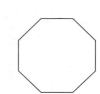

풀이

변의 수가 [　] 개인 정다각형이므로 [　　　] 입니다.

답 _____

대표유형 ❸

오른쪽 오각형에 그을 수 있는 대각선은 모두 몇 개일까요?

풀이

서로 이웃하지 않는 두 꼭짓점을 모두 선분으로 이어 보면 선분이 [　] 개이므로 대각선은 모두 [　] 개입니다.

답 _____

대표유형 ❹

다음 모양을 만들려면 모양 조각은 모두 몇 개 필요할까요?

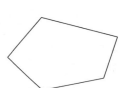

풀이

정삼각형 [　] 개로 사다리꼴을 만들었습니다.

답 _____

[11~12] 준서네 아파트의 5년 동안 쓰레기 배출량을 조사하여 나타낸 꺾은선그래프입니다. 물음에 답하세요.

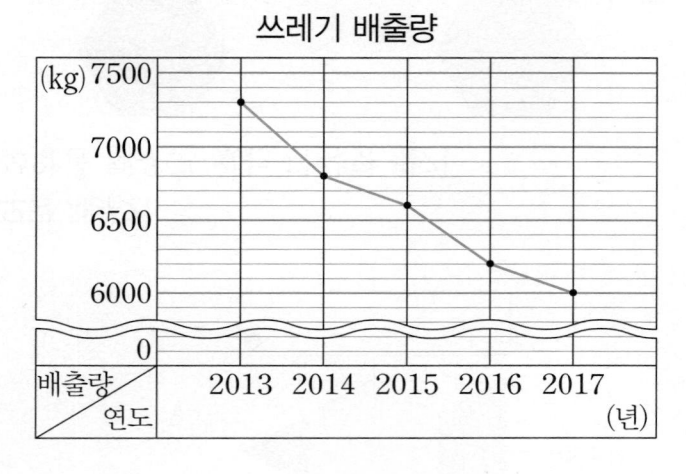

11 2014년은 2013년보다 쓰레기 배출량이 몇 kg 줄었을까요?

( )

12 쓰레기 배출량은 어떻게 변하고 있을까요?

( )

[13~15] 어느 마을의 인구를 매년 조사하여 나타낸 표를 보고 꺾은선그래프로 나타내려고 합니다. 물음에 답하세요.

마을의 인구

연도(년)	2013	2014	2015	2016	2017
인구(명)	25400	25000	24800	25200	25400

13 세로 눈금은 물결선 위로 얼마부터 시작하는 것이 좋을지 기호를 쓰세요.

㉠ 24000명   ㉡ 26000명

( )

14 위의 표를 보고 꺾은선그래프로 나타내세요.

15 인구가 같은 해는 몇 년과 몇 년일까요?

( )

[16~17] 어느 유기견 보호소에 있는 유기견 수를 조사하여 나타낸 꺾은선그래프입니다. 물음에 답하세요.

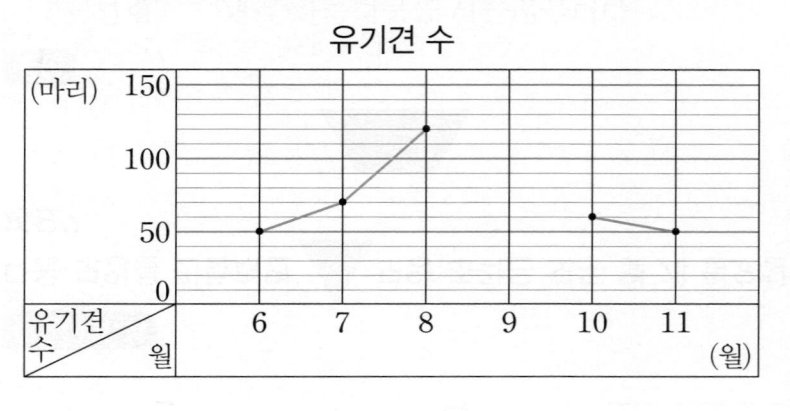

16 8월은 6월보다 유기견 수가 몇 마리 늘어났나요?

( )

17 9월의 유기견 수는 몇 마리였을까요?

( )

[18~20] 선아와 연아의 몸무게를 조사하여 나타낸 꺾은선그래프입니다. 물음에 답하세요.

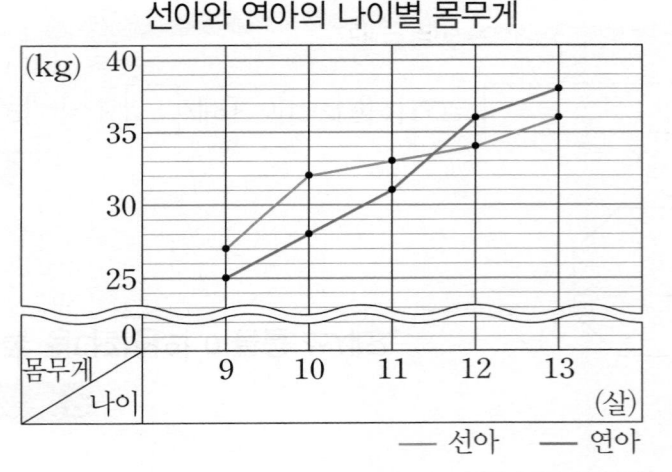

18 9살 때 선아와 연아의 몸무게의 차는 몇 kg일까요?

( )

19 연아의 몸무게가 선아보다 무거워지기 시작한 때는 몇 살과 몇 살 사이일까요?

( )

추론

20 선아와 연아의 몸무게의 차가 가장 큰 때는 몇 살일까요?

( )

[1단원]

1 빈 곳에 알맞은 수를 써넣으세요. [2점]

$$\frac{6}{7} \quad +\frac{5}{7} \quad \boxed{}$$

[2단원]

2 □ 안에 알맞은 수를 써넣으세요. [2점]

8 cm   8 cm   8 cm $\boxed{}^\circ$

[3단원]

3 두 수의 차를 빈 곳에 써넣으세요. [2점]

0.95
5.2

[6단원]

4 다음 도형은 정육각형입니다. 정육각형의 모든 변의 길이의 합은 몇 cm일까요? [2점]

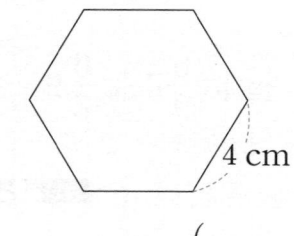

4 cm

(   )

[4단원]

5 평행선 사이의 거리가 3 cm가 되도록 주어진 직선과 평행한 직선을 그어 보세요. [3점]

[3단원]

6 0.72와 같은 수에 ○표 하세요. [3점]

0.072의 100배	7.2의 $\frac{1}{10}$
( )	( )

[4단원]

7 평행선을 모두 찾아 쓰세요. [3점]

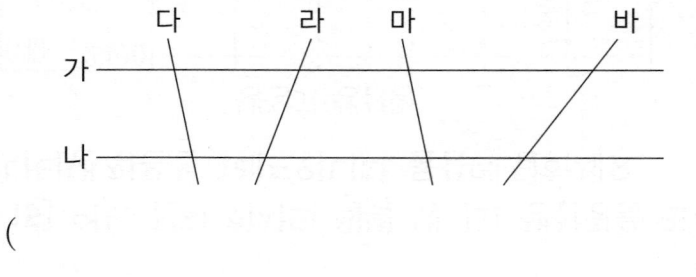

가   나   다   라   마   바

(   )

[6단원]

8 도형에 대각선을 모두 그어 보고, 대각선은 몇 개인지 쓰세요. [3점]

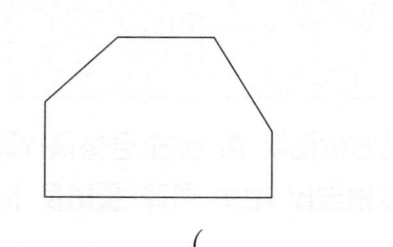

(   )

[1단원]

9 다음을 구하세요. 3점

$$5\frac{2}{9}\text{와 } 2\frac{6}{9}\text{의 차}$$

( )

[4단원]

10 바르게 설명한 것을 찾아 기호를 쓰세요. 3점

> ㉠ 두 직선이 만나서 이루는 각이 직각일 때, 두 직선은 서로 수직입니다.
> ㉡ 한 직선에 그을 수 있는 수선은 1개뿐입니다.

( )

[3단원]

11 ㉠이 나타내는 수는 ㉡이 나타내는 수의 몇 배일까요? 3점

$$\underset{\underset{㉠}{\uparrow}}{38.0}\underset{\underset{㉡}{\uparrow}}{3}5$$

( )

[3단원]   융합형

12 첨성대에서 가와 나 부분의 지름의 차는 몇 m일까요? 3점

첨성대

— 가

— 나

가의 지름: 2.85 m
나의 지름: 4.93 m

( )

[4단원]

13 직사각형 모양의 종이를 선을 따라 자르려고 합니다. 만들어지는 평행사변형은 모두 몇 개일까요? 3점

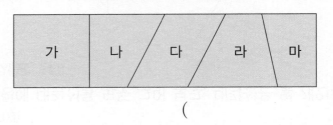

가 | 나 | 다 | 라 | 마

( )

[14~15] 어느 전자 회사의 월별 냉장고 생산량을 조사하여 나타낸 꺾은선그래프입니다. 물음에 답하세요.

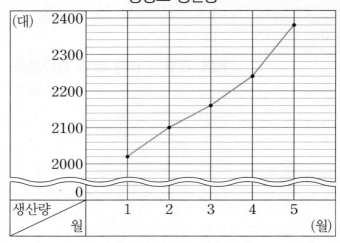

냉장고 생산량

[5단원]

14 세로 눈금 한 칸은 몇 대를 나타낼까요? 3점

( )

[5단원]

15 5월은 1월보다 냉장고 생산량이 몇 대 늘어났을까요? 3점

( )

[3단원]

16 한 변의 길이가 0.43 m인 정삼각형의 세 변의 길이의 합은 몇 m일까요? 3점

( )

[4단원]

17 다음 도형의 이름이 될 수 없는 것을 모두 찾아 기호를 쓰세요. 4점

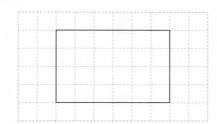

┌──────────────────────────────┐
│ ㉠ 사다리꼴   ㉡ 마름모   │
│ ㉢ 직사각형   ㉣ 정사각형   │
└──────────────────────────────┘

(   )

[18~20] 수빈이네 학교 운동장의 요일별 최고 온도와 최저 온도를 조사하여 나타낸 꺾은선그래프입니다. 물음에 답하세요.

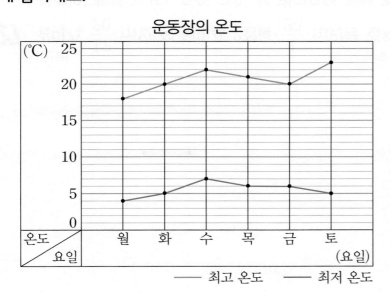

운동장의 온도

—— 최고 온도   —— 최저 온도

[5단원]

18 수요일의 최고 온도와 최저 온도의 차는 몇 ℃일까요? 4점

(   )

[5단원]

19 최고 온도가 전날에 비해 가장 많이 올라간 때는 무슨 요일일까요? 4점

(   )

[5단원]

20 하루 중 최고 온도와 최저 온도의 차가 가장 큰 때는 무슨 요일일까요? 4점

(   )

[2단원]   문제 해결

21 다음은 정삼각형 2개를 겹쳐 놓은 것입니다. 삼각형 ㄱㄹㅁ의 한 변의 길이는 삼각형 ㄱㄴㄷ의 한 변의 길이의 3배일 때 삼각형 ㄱㄹㅁ의 세 변의 길이의 합은 몇 cm인지 구하세요. 4점

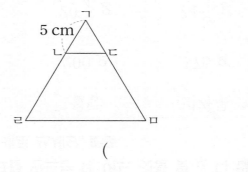

(   )

[2단원]

22 삼각형 ㄱㄴㄷ은 이등변삼각형입니다. 각 ㄱㄷㄹ의 크기는 몇 도인지 구하세요. 4점

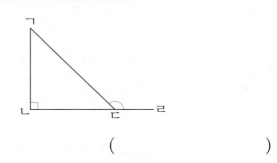

(   )

[6단원]

23 오른쪽 마름모에 두 대각선을 그은 후 대각선을 따라 모두 자르면 어떤 삼각형이 몇 개 생기는지 차례로 쓰세요. 4점

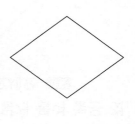

(   ), (   )

[2단원]   서술형

24 삼각형의 두 각의 크기를 나타낸 것입니다. 이 삼각형은 예각삼각형, 직각삼각형, 둔각삼각형 중에서 어떤 삼각형인지 풀이 과정을 쓰고 답을 구하세요. 4점

┌──────────────────────────────┐
│　　　80°　　　　55°　　　　　　│
└──────────────────────────────┘

풀이 _____

_____

_____

_____

❸ 답 _____

25 [1단원] 계산 결과가 더 큰 것의 기호를 쓰세요. 4점

$$\bigcirc \ 1\frac{1}{10} + 2\frac{5}{10} \qquad \bigcirc \ 4\frac{9}{10} - 1\frac{4}{10}$$

(   )

26 [2단원] 도형에서 선분 ㄷㅁ과 선분 ㄷㄹ의 길이는 같습니다. 각 ㄴㄷㅁ의 크기는 몇 도인지 구하세요. 4점

105° 95°
40°

(   )

27 [1단원]   서술형

길이가 $\frac{17}{20}$ m인 색 테이프 2장을 $\frac{1}{20}$ m만큼 겹쳐서 이어 붙였습니다. 이어 붙인 색 테이프의 전체 길이는 몇 m인지 풀이 과정을 쓰고 답을 구하세요. 4점

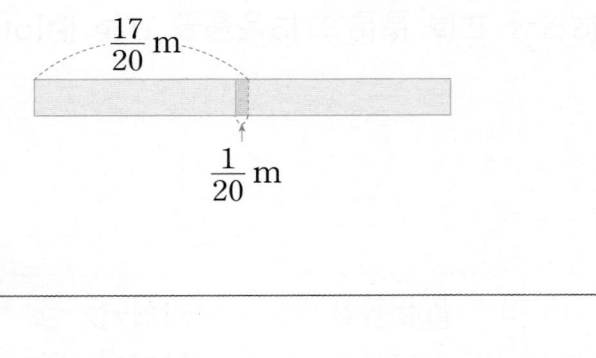
$\frac{17}{20}$ m

$\frac{1}{20}$ m

풀이 _____

_____

_____

답 _____

28 [6단원] 정다각형 2개를 겹치지 않게 이어 붙여서 만든 도형입니다. 정오각형의 모든 변의 길이의 합이 60 cm일 때 빨간색 선의 길이는 몇 cm일까요? 4점

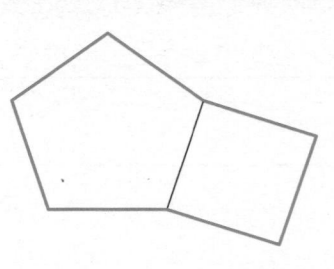

(   )

29 [6단원] 정오각형과 정육각형을 한 변이 맞닿게 붙여 놓은 것입니다. □ 안에 알맞은 수를 써넣으세요. 4점

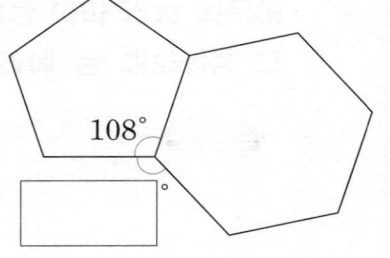
108°

30 [1단원]   문제 해결

케이크를 만들기 위해 설탕과 밀가루를 준비했습니다. 케이크를 만들고 남은 양이 다음과 같다면 설탕과 밀가루 중 케이크를 만드는 데 어느 것을 몇 g 더 많이 사용했는지 차례로 쓰세요. 4점

재료	설탕	밀가루
준비한 양	200 g	175 g
남은 양	$20\frac{1}{4}$ g	$24\frac{3}{4}$ g

(   ), (   )

수학
경시대회

해법 수학
경시대회
기출문제

정답 및 풀이

4-2

천재교육

해법 수학
경시대회
기출문제

매일 마시는 스마트 교과서

천재교육이 만든 초등 전과목 스마트 학습

성적향상 공부 자신감

학습 응용력 공부 흥미

전과목 학습능력

정답 및 풀이

1 회 대표유형·기출문제   4~6쪽

대표유형 ① $5, 4, 9, 1\frac{3}{6}$ / $1\frac{3}{6}(=\frac{9}{6})$

대표유형 ② $3, 1, 5, 2, 5\frac{2}{4}$ / $5\frac{2}{4}$

대표유형 ③ $2, 7, 5, 2$ / $\frac{2}{3}$ L

1 $\frac{6}{9}$ **2** $1\frac{2}{4}(=\frac{6}{4})$

3 $9, 9$ / $5, 4$ / $9, 5, 4$

4 $10\frac{4}{7}$

5 (   )(○)(   )

6 $9\frac{3}{8}$

7 $4\frac{2}{5}-1\frac{3}{5}=\frac{22}{5}-\frac{8}{5}=\frac{14}{5}=2\frac{4}{5}$

8 ㉡   **9** $3\frac{6}{10}$

10 $4-1\frac{1}{7}=2\frac{6}{7}$, $2\frac{6}{7}$ kg

11 <   **12** ㉡

13 $3\frac{5}{8}-1\frac{7}{8}=1\frac{6}{8}$, $1\frac{6}{8}$ m

14 $\frac{5}{6}$

15 $3\frac{5}{6}+2\frac{4}{6}=6\frac{3}{6}$, $6\frac{3}{6}$ 시간

16 $2, 3, 4, 5, 6$

17 $3\frac{2}{8}$

18 유진

19 $\frac{30}{8}+2\frac{3}{8}=6\frac{1}{8}$

    (또는 $2\frac{3}{8}+\frac{30}{8}=6\frac{1}{8}$)

20 $2\frac{3}{5}$ L

풀이

2 $\frac{3}{4}+\frac{3}{4}=\frac{6}{4}=1\frac{2}{4}$

3 $1=\frac{9}{9}$ 이므로 1은 $\frac{1}{9}$ 이 9개입니다.

4 $7\frac{5}{7}+2\frac{6}{7}=(7+2)+(\frac{5}{7}+\frac{6}{7})=9+\frac{11}{7}$
$=9+1\frac{4}{7}=10\frac{4}{7}$

5 $4\frac{9}{11}-3\frac{6}{11}=(4-3)+(\frac{9}{11}-\frac{6}{11})$
$=1+\frac{3}{11}=1\frac{3}{11}$

6 $3\frac{4}{8}+5\frac{7}{8}=(3+5)+(\frac{4}{8}+\frac{7}{8})$
$=8+\frac{11}{8}=8+1\frac{3}{8}=9\frac{3}{8}$

7 대분수를 가분수로 바꾸어 계산하는 방법입니다.

8 ㉠ $4\frac{7}{10}+\frac{13}{10}=4\frac{7}{10}+1\frac{3}{10}$
$=5+\frac{10}{10}=6$

9 $2\frac{7}{10}+\frac{9}{10}=2+(\frac{7}{10}+\frac{9}{10})=2+\frac{16}{10}$
$=2+1\frac{6}{10}=3\frac{6}{10}$

10 (남은 밀가루의 양)
  =(처음 밀가루의 양)
    -(부침개를 만드는 데 사용한 밀가루의 양)
$=4-1\frac{1}{7}=3\frac{7}{7}-1\frac{1}{7}=2\frac{6}{7}$ (kg)

11 $3-\frac{7}{13}=2\frac{13}{13}-\frac{7}{13}=2\frac{6}{13}$
➔ $2\frac{6}{13}<2\frac{8}{13}$

12 ㉠ $\frac{6}{7}+\frac{4}{7}=\frac{10}{7}=1\frac{3}{7}$
  ㉡ $4\frac{1}{7}-1\frac{5}{7}=3\frac{8}{7}-1\frac{5}{7}=2\frac{3}{7}$

13 (남은 끈의 길이)

$$=3\frac{5}{8}-1\frac{7}{8}=2\frac{13}{8}-1\frac{7}{8}=1\frac{6}{8}\ (\text{m})$$

14 $2\frac{4}{6}-\square=1\frac{5}{6}$

➡ $\square=2\frac{4}{6}-1\frac{5}{6}=\frac{16}{6}-\frac{11}{6}=\frac{5}{6}$

15 (비선대~대청봉)

$$=(\text{비선대~희운각})+(\text{희운각~대청봉})$$

$$=3\frac{5}{6}+2\frac{4}{6}=5+\frac{9}{6}=5+1\frac{3}{6}=6\frac{3}{6}(\text{시간})$$

16 $1=\frac{6}{6}$, $2=\frac{12}{6}$ 이므로 $\frac{6}{6}<\frac{5+\square}{6}<\frac{12}{6}$

입니다. 따라서 $6<5+\square<12$에서 $\square$ 안에 들어갈 수 있는 자연수는 2, 3, 4, 5, 6 입니다.

17 어떤 수를 $\square$라 하면 $\square-1\frac{3}{8}=1\frac{7}{8}$입니다.

➡ $\square=1\frac{7}{8}+1\frac{3}{8}=2+\frac{10}{8}=3\frac{2}{8}$

18 ㆍ유진: $\frac{17}{21}+\frac{9}{21}=\frac{26}{21}=1\frac{5}{21}$

ㆍ지호: $\frac{15}{21}+\frac{10}{21}=\frac{25}{21}=1\frac{4}{21}$

➡ $1\frac{5}{21}>1\frac{4}{21}$

19 두 수의 합이 가장 크려면 가장 큰 수와 두 번째로 큰 수의 합을 구해야 합니다.

$\frac{30}{8}=3\frac{6}{8}$이므로 $\frac{30}{8}>2\frac{3}{8}>1\frac{5}{8}$입니다.

따라서 $\frac{30}{8}+2\frac{3}{8}=3\frac{6}{8}+2\frac{3}{8}=6\frac{1}{8}$ 또는

$2\frac{3}{8}+\frac{30}{8}=2\frac{3}{8}+3\frac{6}{8}=6\frac{1}{8}$입니다.

20 (만든 포도 주스의 양)

$$=1\frac{2}{5}+2\frac{4}{5}=3\frac{6}{5}=4\frac{1}{5}\ (\text{L})$$

(남는 포도 주스의 양)

$$=4\frac{1}{5}-1\frac{3}{5}=3\frac{6}{5}-1\frac{3}{5}=2\frac{3}{5}\ (\text{L})$$

2회 대표유형·기출문제 7~9쪽

대표유형 ① 세, 3, 3 / 3 cm, 3 cm
대표유형 ② 100, 80, 40 / 40°
대표유형 ③ 예각, 다, 나 / 다, 나

1 다
2 5
3 50°
4 가
5 다
6
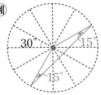
7 나
8 마
9 ⑤
10 21 cm
11 2, 2
12 95°
13 둔각삼각형
14 75°
15 105°
16 120°
17 ㉣
18 13 cm   **19** ③
20 예

풀이

1 가, 나는 이등변삼각형이고 다는 이등변삼각형이 아닙니다.

참고

두 변의 길이가 같은 삼각형을 이등변삼각형이라고 합니다.

2 세 각의 크기가 모두 60°로 같으므로 정삼각형입니다.
정삼각형은 세 변의 길이가 같으므로 □ 안에 알맞은 수는 5입니다.

3 이등변삼각형은 길이가 같은 두 변에 있는 두 각의 크기가 같으므로 ㉠의 크기는 50°입니다.

4 한 각이 직각인 삼각형은 가입니다.

5 한 각이 둔각인 삼각형은 다입니다.

6 두 변의 길이가 같으므로 이등변삼각형이고 한 각이 둔각이므로 둔각삼각형입니다.

7 예각삼각형은 나, 다이고 이 중 이등변삼각형은 나입니다.

8 둔각삼각형은 가, 마, 바이고 이 중 세 변의 길이가 모두 다른 삼각형은 마입니다.

9 점 ⑤와 이으면 한 각이 둔각인 삼각형이 됩니다.

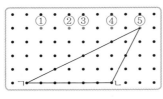

➜ 둔각삼각형

10 정삼각형은 세 변의 길이가 같으므로 세 변의 길이의 합은 7+7+7=21 (cm)입니다.

11

• 둔각삼각형: ①, ④ ➜ 2개
• 직각삼각형: ②, ③ ➜ 2개
따라서 주어진 그림과 같이 도형의 꼭짓점을 이으면 둔각삼각형이 2개, 직각삼각형이 2개 생깁니다.

12 삼각형의 세 각의 크기의 합은 180°이므로 (각 ㄱㄴㄷ)=180°−25°−60°=95°입니다.

13 세 각 중 한 각이 95°로 둔각입니다.
따라서 둔각삼각형입니다.

14 삼각형의 세 각의 크기의 합은 180°이므로 (각 ㄱㄴㄷ)+(각 ㄱㄷㄴ) =180°−30°=150°입니다.
이등변삼각형은 두 각의 크기가 같으므로 (각 ㄱㄷㄴ)=150°÷2=75°입니다.

15 ㉠=180°−75°=105°

16 정삼각형의 세 각의 크기는 모두 60°로 같습니다.
➜ (각 ㄱㄴㄹ)=(각 ㄱㄴㄷ)+(각 ㄷㄴㄹ)
　　　　　　=60°+60°=120°

17 길이가 같은 수수깡 3개를 변으로 하여 세 변의 길이가 같은 정삼각형을 만들 수 있습니다. 정삼각형은 이등변삼각형이고 예각삼각형입니다.

주의

정삼각형은 두 변의 길이가 같으므로 이등변삼각형이고 세 각이 모두 60°로 예각이므로 예각삼각형입니다.

18 두 각의 크기가 같으므로 이등변삼각형입니다. (변 ㄱㄴ)=(변 ㄱㄷ)=19 cm
➜ (변 ㄴㄷ)=51−19−19=13 (cm)

19 나머지 한 각의 크기를 구합니다.
① 180°−40°−100°=40°
　➜ 40°, 100°, 40°
② 180°−45°−90°=45°
　➜ 45°, 90°, 45°
③ 180°−20°−70°=90°
　➜ 20°, 70°, 90°
④ 180°−80°−20°=80°
　➜ 80°, 20°, 80°
⑤ 180°−110°−35°=35°
　➜ 110°, 35°, 35°

20 반지름을 두 변으로 하는 삼각형을 그리면 이등변삼각형이 됩니다. 두 각의 크기가 15°인 이등변삼각형을 그리려면 나머지 한 각의 크기는 180°−15°−15°=150°이어야 합니다. 따라서 30°를 5번 포함하는 반지름을 두 변으로 하는 삼각형을 그립니다.

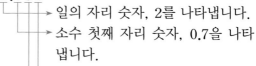 **3**회 **대표유형·기출문제** 10~12쪽

대표유형 **1** ＜ / ＜, ＜
대표유형 **2** 두, 458 / 458
대표유형 **3** (위에서부터) 1, 1, 3 / 1.3
대표유형 **4** 2.61, 1.55, 1.06 / 1.06 m

1 오 점 이삼
2 8, 0.08
3 0.96
4 0.029
5 0.6
6 ㉠
7 2.64
8
9 지호
10 0.6＋0.9＝1.5, 1.5 m
11 3.599에 ◯표
12 9, 0.009
13 1.3 km
14 7.5
15 3.2－2.55＝0.65, 0.65 L
16 4개
17 ㉡
18 (위에서부터) 3, 8, 2
19 15.34
20 8.12 m

풀이

1 소수를 읽을 때 소수점 아래의 수는 자릿값을 읽지 않고 숫자만 읽습니다.
5.23 ➜ 오 점 이삼

참고
•소수 읽기
㉠ 0.01 ➜ 영 점 영일
0.001 ➜ 영 점 영영일
2.561 ➜ 이 점 오육일

2 2.784
일의 자리 숫자, 2를 나타냅니다.
소수 첫째 자리 숫자, 0.7을 나타냅니다.
소수 둘째 자리 숫자, 0.08을 나타냅니다.
소수 셋째 자리 숫자, 0.004를 나타냅니다.

참고
2.784는 1이 2개, 0.1이 7개, 0.01이 8개, 0.001이 4개인 수입니다.

3
```
   0.7 5
 + 0.2 1
 ───────
   0.9 6
```

4 소수의 $\frac{1}{100}$을 하면 소수점을 기준으로 수가 오른쪽으로 두 자리 이동하므로 2.9의 $\frac{1}{100}$은 0.029입니다.

5 0.9－0.3＝0.6

6 ㉠ 소수점 자리를 잘못 맞추어 계산했습니다.
```
   0.5 4
 + 0.9
 ───────
   1.4 4
```

7 0.264의 10배는 2.64입니다.

참고
소수를 10배 하면 소수점을 기준으로 수가 왼쪽으로 한 자리씩 이동합니다.

8 •0.01이 7개인 수 ➜ 0.07
•$\frac{51}{100}$ ➜ 0.51
•영 점 삼오 ➜ 0.35

9 지호: 1.756＜1.78
5＜8

10 0.6＋0.9＝1.5 (m)

11 3.599＜3.8＜3.82＜3.9

12 ⊙은 일의 자리 숫자이므로 9를 나타내고, ⊙은 소수 셋째 자리 숫자이므로 0.009를 나타냅니다.

13 (대동문까지의 거리)
－(북한산대피소까지의 거리)
＝2.1－0.8＝1.3 (km)

14 7.5＞3.15＞2.1 ➡ 가장 큰 수: 7.5

> **주의**
> 자연수 부분의 수가 클수록 큰 수입니다.

15 (준재가 마신 물의 양)
＝(물병에 들어 있던 물의 양)
－(마시고 남은 물의 양)
＝3.2－2.55＝0.65 (L)

16 4.6＝4.60
4.56, 4.57, 4.58, 4.59 ➡ 4개

17 ⓒ 0.74의 $\frac{1}{10}$ ➡ 0.074

18
```
    ㉠ . 4   7
 +  3 . ㉡   5
 ────────────
    7 . 3   ㉢
```
・7＋5＝12 ➡ ㉢＝2
・1＋4＋㉡＝13 ➡ ㉡＝8
・1＋㉠＋3＝7 ➡ ㉠＝3

19 ・가장 큰 소수 두 자리 수: 9.65
・가장 작은 소수 두 자리 수: 5.69
➡ 9.65＋5.69＝15.34

> **참고**
> 가장 큰 소수 두 자리 수를 만들 때에는 높은 자리부터 큰 수를 놓고, 가장 작은 소수 두 자리 수를 만들 때에는 높은 자리부터 작은 수를 놓아 만듭니다.

20 (파란색 테이프의 길이)
＝3.4＋1.32＝4.72 (m)
➡ (빨간색 테이프의 길이)
＋(파란색 테이프의 길이)
＝3.4＋4.72＝8.12 (m)

1회 단원 모의고사　13~16쪽

1 0.9　　　　**2** 나

3 $6\frac{3}{9}$　　　　**4** ㉠

5 1.38　　　**6** $\frac{2}{7}+\frac{4}{7}=\frac{6}{7}$

7 0.62

8 4.56＋3.74＝8.3, 8.3 m

9 5, 8에 ○표　　　**10** 2개

11 9　　　　**12** 예

13 다　　　　**14** ＜

15 $1\frac{4}{5}+1\frac{3}{5}=3\frac{2}{5}$, $3\frac{2}{5}$ m

16

17 예각삼각형에 ○표

18 $5\frac{6}{9}$　　　**19** $19\frac{3}{4}$ mL

20 96 cm　　　**21** ①, ②, ④

22 $\frac{8}{25}$ m　　　**23** $\frac{2}{10}$ kg

24 1, 3, 2　　　**25** 11

26 (위에서부터) 5, 2, 4

27 모범답안 ❶ (이등변삼각형의 세 변의 길이의 합)＝10＋10＋16＝36 (cm)
❷ 정삼각형은 세 변의 길이가 같으므로 (정삼각형의 한 변의 길이)
＝36÷3＝12 (cm)입니다.　탑 12 cm

28 3개　　　**29** 4개

30 모범답안 ❶ (학교~도서관)
＝1.6＋0.35＝1.95 (km)
❷ (집~학교~도서관)
＝(집~학교)＋(학교~도서관)
＝1.6＋1.95
＝3.55 (km)　　탑 3.55 km

풀이

1 0.5는 0.1이 5개, 0.4는 0.1이 4개이므로 0.5+0.4는 0.1이 9개인 0.9입니다.

2 두 변의 길이가 같은 삼각형을 이등변삼각 형이라고 합니다.

3 $2\frac{5}{9}+3\frac{7}{9}=(2+3)+(\frac{5}{9}+\frac{7}{9})=5+\frac{12}{9}$
$$=5+1\frac{3}{9}=6\frac{3}{9}$$

4 2가 0.002를 나타내려면 2가 소수 셋째 자리 숫자이어야 합니다. ➡ ㉠ 3.082

5 13.8의 $\frac{1}{10}$ ➡ 1.38

6 분모는 그대로 두고 분자끼리 더합니다.
➡ $\frac{2}{7}+\frac{4}{7}=\frac{2+4}{7}=\frac{6}{7}$

7
```
   0.9 8
 − 0.3 6
 ───────
   0.6 2
```

8 (㉠ 막대의 길이)+(㉡ 막대의 길이)
=4.56+3.74=8.3 (m)

9 이등변삼각형은 두 변의 길이가 같은 삼각 형이므로 세 변의 길이가 8 cm, 5 cm, 5 cm 또는 8 cm, 5 cm, 8 cm가 될 수 있습니다.

10 한 각이 둔각인 삼각형을 둔각삼각형이라 고 합니다.
둔각삼각형: 라, 마 ➡ 2개

11 0.392에서 소수 둘째 자리 숫자는 9입니다.

12 주어진 선분의 양 끝에 각각 60°인 각을 그리고, 두 각의 변이 만나는 점을 찾아 선분 의 양 끝과 연결하여 정삼각형을 그립니다.

13 세 변의 길이가 모두 다른 삼각형은 다, 라이고 이 중에서 직각삼각형은 다입니다.

14 $\frac{15}{11}+3\frac{5}{11}=1\frac{4}{11}+3\frac{5}{11}=4\frac{9}{11}$
➡ $4\frac{6}{11}<4\frac{9}{11}$

15 (경미가 사용한 끈의 길이)
=(파란색 끈의 길이)+(노란색 끈의 길이)
$=1\frac{4}{5}+1\frac{3}{5}=2+\frac{7}{5}=2+1\frac{2}{5}=3\frac{2}{5}$ (m)

16 • $1\frac{2}{6}+\frac{5}{6}=1+\frac{7}{6}=1+1\frac{1}{6}=2\frac{1}{6}$
• $4\frac{1}{6}-2\frac{3}{6}=3\frac{7}{6}-2\frac{3}{6}=1\frac{4}{6}$

17 나머지 한 각의 크기를 구하면
180°−85°−30°=65°입니다.
따라서 세 각이 모두 예각이므로 예각삼각 형입니다.

18 $3\frac{5}{9}+\square=9\frac{2}{9}$
➡ $\square=9\frac{2}{9}-3\frac{5}{9}=8\frac{11}{9}-3\frac{5}{9}=5\frac{6}{9}$

19 (증발한 물의 양)
=(처음 비커에 들어 있던 물의 양)
  −(증발하고 남은 물의 양)
$=50-30\frac{1}{4}=49\frac{4}{4}-30\frac{1}{4}=19\frac{3}{4}$ (mL)

20 이등변삼각형은 두 변의 길이가 같고, 정삼 각형은 세 변의 길이가 같습니다.
➡ (빨간색 선의 길이)
  =28+28+20+20=96 (cm)

21 세 변의 길이가 같으므로 정삼각형, 두 변의 길이가 같으므로 이등변삼각형, 세 각의 크 기가 모두 예각이므로 예각삼각형입니다.

22 $\frac{19}{25}>\frac{14}{25}>\frac{11}{25}$이므로
$\frac{19}{25}-\frac{11}{25}=\frac{8}{25}$ (m)입니다.

23 (호박의 무게)$=\frac{9}{10}-\frac{3}{10}-\frac{4}{10}$
$$=\frac{6}{10}-\frac{4}{10}=\frac{2}{10}$$ (kg)

24

$$\begin{array}{r} \overset{1}{}3.0\,5 \\ +\,4.6\,7 \\ \hline 7.7\,2 \end{array} \qquad \begin{array}{r} \overset{1}{}0.6\,5 \\ +\,6.2\,9 \\ \hline 6.9\,4 \end{array} \qquad \begin{array}{r} \overset{1}{}1.4\,4 \\ +\,5.8\,2 \\ \hline 7.2\,6 \end{array}$$

계산 결과를 비교하면 $7.72 > 7.26 > 6.94$ 입니다.

25 될 수 있는 뺄셈식은

$5\frac{2}{7}-3\frac{1}{7}=2\frac{1}{7}$, $5\frac{3}{7}-3\frac{2}{7}=2\frac{1}{7}$,

$5\frac{4}{7}-3\frac{3}{7}=2\frac{1}{7}$, $5\frac{5}{7}-3\frac{4}{7}=2\frac{1}{7}$,

$5\frac{6}{7}-3\frac{5}{7}=2\frac{1}{7}$입니다. 따라서 ▲＋●가 가장 큰 때의 값은 $6+5=11$입니다.

26

$$\begin{array}{r} 9.\;\text{㉠}\;4 \\ -\;4.8\;\text{㉡} \\ \hline \text{㉢}.7\;2 \end{array}$$

・ $4-\text{㉡}=2 \Rightarrow \text{㉡}=2$
・ $10+\text{㉠}-8=7 \Rightarrow \text{㉠}=5$
・ $9-1-4=\text{㉢} \Rightarrow \text{㉢}=4$

27

28

・ 작은 삼각형 1개짜리: ①, ② ➡ 2개
・ 작은 삼각형 2개짜리: ①＋② ➡ 1개
따라서 크고 작은 이등변삼각형은 모두 $2+1=3$(개)입니다.

29 자연수 부분과 소수 첫째 자리 수가 각각 같고 소수 셋째 자리 수를 비교하면 $6>2$이 므로 □ 안에는 4보다 작은 수인 0, 1, 2, 3이 들어갈 수 있습니다. ➡ 4개

30

참고

학교에서 도서관까지의 거리를 먼저 구합니다.

2회 단원 모의고사　17~20쪽

1 0.7

2 5, $1\frac{2}{4}$

3 <

4 7

5 76, 25, 51 / 0.51

6 $1\frac{1}{9}\left(=\frac{10}{9}\right)$

7 $1\frac{2}{6}$, $3\frac{1}{6}$

8 1.31

9 ㉡

10 $2\frac{1}{5}$ m

11 ㉠

12 ③

13 $97\frac{1}{5}$ g

14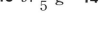

15 15 cm

16 12.64, 126.4

17 $4\frac{4}{7}$

18 $0.75-0.56=0.19$, 0.19 L

19 나

20 1

21 $3\frac{1}{6}$ m

22 모범 답안 ❶ (변 ㄹㄷ)＝(변 ㄱㄴ)
$\qquad\qquad = 8$ cm
❷ (변 ㄱㄹ)＋(변 ㄴㄷ)
$\qquad = 24-8-8=8$ (cm)
❸ (변 ㄱㄹ)＝(변 ㄴㄷ)
➡ (변 ㄴㄷ)$=8÷2=4$ (cm) 달 4 cm

23 75°

24 2.4

25 70°

26 90°, 45°, 45°

27 3개

28 $4\frac{4}{7}$

29 모범 답안 ❶ (색 테이프 3장의 길이의 합)
$\qquad = 85 \times 3 = 255$ (cm)
❷ (겹쳐진 부분의 길이의 합)
$\qquad = 5\frac{1}{4}+5\frac{1}{4}=10\frac{2}{4}$ (cm)
❸ (이어 붙인 색 테이프의 전체 길이)
$\qquad = 255-10\frac{2}{4}=254\frac{4}{4}-10\frac{2}{4}$
$\qquad = 244\frac{2}{4}$ (cm) 달 $244\frac{2}{4}$ cm

30 108

풀이

1 모눈종이에 0.3만큼 색칠하고 이어서 0.4만큼 색칠하면 0.7이 됩니다.
→ $0.3+0.4=0.7$

2 $7\dfrac{1}{4}-5\dfrac{3}{4}=6\dfrac{5}{4}-5\dfrac{3}{4}$
$$=(6-5)+\left(\dfrac{5}{4}-\dfrac{3}{4}\right)$$
$$=1+\dfrac{2}{4}=1\dfrac{2}{4}$$

3 $0.597 < 0.64$
$\underset{5<6}{\underline{\quad\quad}}$

4 이등변삼각형은 두 변의 길이가 같습니다. 따라서 □ 안에 알맞은 수는 7입니다.

5 0.76은 0.01이 76개, 0.25는 0.01이 25개이므로 0.76−0.25는 0.01이 51개인 0.51입니다. → $0.76-0.25=0.51$

6 $\dfrac{3}{9}+\dfrac{7}{9}=\dfrac{10}{9}=1\dfrac{1}{9}$

7 $1\dfrac{5}{6}+1\dfrac{2}{6}=2+\dfrac{7}{6}=2+1\dfrac{1}{6}=3\dfrac{1}{6}$

8
```
      1 1
    0. 3 5
  + 0. 9 6
  ─────────
    1. 3 1
```

9 ⓒ 이등변삼각형은 예각삼각형, 둔각삼각형, 직각삼각형이 될 수 있습니다.

10 (다보탑의 높이)$-8\dfrac{1}{5}=10\dfrac{2}{5}-8\dfrac{1}{5}$
$$=2\dfrac{1}{5}\ (\text{m})$$

11 ㉠ $5.46-2.27=3.19$
→ $3.19 > 3.18$

12 세 각이 모두 예각인 삼각형이 되어야 합니다.
• ①, ⑤ 한 각이 둔각인 삼각형
  → 둔각삼각형
• ②, ④ 한 각이 직각인 삼각형
  → 직각삼각형
• ③ 세 각이 모두 예각인 삼각형
  → 예각삼각형

13 $46\dfrac{4}{5}+50\dfrac{2}{5}=(46+50)+\left(\dfrac{4}{5}+\dfrac{2}{5}\right)$
$$=96+\dfrac{6}{5}=96+1\dfrac{1}{5}$$
$$=97\dfrac{1}{5}\ (\text{g})$$

14 $0.9-0.15=0.75$, $0.25+0.47=0.72$

15 삼각형의 나머지 한 각의 크기가 $180°-60°-60°=60°$이므로 정삼각형입니다. 이 정삼각형의 세 변의 길이의 합은 $5+5+5=15\ (\text{cm})$입니다.

16 1.264의 10배 → 12.64
12.64의 10배 → 126.4

17 $3\dfrac{1}{7}>1\dfrac{4}{7}>1\dfrac{3}{7}$ → $3\dfrac{1}{7}+1\dfrac{3}{7}=4\dfrac{4}{7}$

18 (공기 중으로 날아간 물의 양)
= (처음 비커에 담은 물의 양)
  − (남은 물의 양)
= $0.75-0.56=0.19\ (\text{L})$

19 이등변삼각형은 나, 바이고 이 중에서 예각삼각형은 나입니다.

20 $7\dfrac{2}{6}-4\dfrac{5}{6}=6\dfrac{8}{6}-4\dfrac{5}{6}=2\dfrac{3}{6}$
→ $2\dfrac{3}{6}>□\dfrac{4}{6}$이므로 □ 안에 들어갈 수 있는 자연수는 1입니다.

21 (변 ㄱㄷ)
= (세 변의 길이의 합)−(변 ㄱㄴ)−(변 ㄴㄷ)
= $7\dfrac{1}{6}-1\dfrac{1}{6}-\dfrac{17}{6}=6-\dfrac{17}{6}$
= $5\dfrac{6}{6}-2\dfrac{5}{6}=3\dfrac{1}{6}\ (\text{m})$

22

채점 기준		
❶ 변 ㄹㄷ의 길이를 구함.	1점	
❷ 변 ㄱㄹ과 변 ㄴㄹ의 길이의 합을 구함.	1점	4점
❸ 변 ㄴㄷ의 길이를 구함.	2점	

23 (각 ㄱㅁㄴ)=(각 ㄱㄴㅁ)$=65°$
(각 ㄴㄱㅁ)$=180°-65°-65°=50°$
(각 ㄴㄷㄹ)$=180°-50°-55°=75°$

24 ㉮ $1.5+0.07=1.57$

㉯ $0.6+0.23=0.83$

➡ $1.57+0.83=2.4$

25 삼각형 ㄱㄴㄷ은 이등변삼각형이므로

(각 ㄱㄴㄷ)=(각 ㄱㄷㄴ)=$55°$입니다.

➡ (각 ㄴㄱㄷ)=$180°-55°-55°=70°$

26 조건을 모두 만족하는 삼각형은 직각삼각형이면서 이등변삼각형이므로 삼각형 ㄱㄴㄷ과 같습니다.

(각 ㄴㄱㄷ)+(각 ㄱㄴㄷ)

$=180°-90°=90°$

(각 ㄴㄱㄷ)=(각 ㄱㄴㄷ)

$=90°÷2=45°$

27

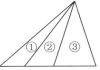

• 작은 삼각형 1개짜리: ①, ② ➡ 2개

• 작은 삼각형 2개짜리: ①+② ➡ 1개

따라서 크고 작은 둔각삼각형은 모두

$2+1=3$(개)입니다.

28 $3\frac{4}{7}+●=5\frac{2}{7}$

➡ $●=5\frac{2}{7}-3\frac{4}{7}=4\frac{9}{7}-3\frac{4}{7}=1\frac{5}{7}$

따라서 상자에 $\frac{20}{7}$을 넣으면

$\frac{20}{7}+1\frac{5}{7}=2\frac{6}{7}+1\frac{5}{7}=3+\frac{11}{7}$

$=3+1\frac{4}{7}=4\frac{4}{7}$가 나옵니다.

29

채점 기준		
❶ 색 테이프 3장의 길이의 합을 구함.	1점	
❷ 겹쳐진 부분의 길이의 합을 구함.	1점	4점
❸ 이어 붙인 색 테이프의 전체 길이를 구함.	2점	

30 어떤 수를 □라 하면 □$-93.7=4.93$입니다.

□$=4.93+93.7=98.63$

따라서 바르게 계산하면

$98.63+9.37=108$입니다.

대표유형 **❶** 수직, ㄱㄴ / 변 ㄱㄴ

대표유형 **❷** ㄱㄴ, ㄹㄷ, ㄱㄹ, ㄴㄷ, 2 / 2쌍

대표유형 **❸** 평행, 가, 다, 라 / 가, 다, 라

대표유형 **❹** (왼쪽에서부터) 9, 6 / 변

1 ( ) (○) **2** 바

3 2 cm **4** 사다리꼴

5 8 **6** ②

7

가

8 8 cm **9** ㉡

10 ㉢ **11** ㉠, ㉡

12 5개

13 모범 답안 직사각형은 마주 보는 두 쌍의 변이 서로 평행하므로 평행사변형입니다.

14 20 cm **15** 50°

16 10 cm **17** 40°

18 3쌍 **19** 45°

20 60°

풀이

1 삼각자의 직각을 낀 한 변을 직선 가에 맞추고 직각을 낀 다른 한 변을 따라 선을 그어야 합니다.

2 직선 다와 서로 만나지 않는 직선을 찾습니다. ➡ 직선 바

3 평행선의 한 직선에서 다른 직선에 그은 수선의 길이를 평행선 사이의 거리라고 합니다.

➡ 평행선 사이의 거리: 2 cm

4 평행한 변이 한 쌍이라도 있는 사각형은 사다리꼴입니다.

5 마름모는 네 변의 길이가 모두 같습니다.

➡ 8 cm

6 평행한 변이 한 쌍이라도 있게 되는 경우를 찾아봅니다.

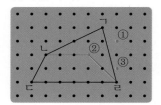

➡ 점 ㄱ을 ②로 옮기면 사다리꼴이 됩니다.

7 삼각자 2개를 사용하여 점 ㄱ을 지나고 직선 가와 평행한 직선을 긋습니다.

> **참고**
> 한 점을 지나고 한 직선과 평행한 직선은 1개뿐입니다.

8 평행선은 길이가 9 cm, 12 cm인 두 변입니다.
평행선 사이의 거리는 두 변 사이의 수선의 길이이므로 8 cm입니다.

9

서로 수직인 변이 있는 도형: ㉠, ㉡
서로 평행한 변이 있는 도형: ㉡, ㉢
➡ 서로 수직인 변과 평행한 변이 모두 있는 도형은 ㉡입니다.

10 마름모는 4개의 선분으로 둘러싸여 있고 마주 보는 두 쌍의 변이 서로 평행하며 네 변의 길이가 모두 같은 사각형입니다.
➡ ㉢

11 ㉢ 직사각형은 네 변의 길이가 항상 같은 것은 아니므로 마름모가 아닙니다.

12 선을 따라 자르면 만들어지는 5개의 사각형은 모두 평행한 변이 한 쌍이라도 있으므로 사다리꼴입니다.
➡ 사다리꼴은 5개 만들어집니다.

13 마주 보는 두 쌍의 변이 서로 평행한 사각형을 평행사변형이라고 합니다. 직사각형은 마주 보는 두 쌍의 변이 서로 평행하므로 평행사변형이라고 할 수 있습니다.

> **평가 기준**
> 직사각형이 평행사변형인 이유를 타당하게 썼으면 정답입니다.

14 평행사변형은 마주 보는 두 변의 길이가 같습니다.
➡ (네 변의 길이의 합)
$=6+4+6+4=20$ (cm)

15 마름모는 이웃한 두 각의 크기의 합이 $180°$입니다.
➡ $130°+㉠=180°$, $㉠=50°$

16 $7+3=10$ (cm)

17

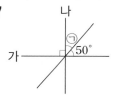

직선 가와 직선 나가 만나서 이루는 각의 크기는 $90°$이므로 $㉠+50°=90°$입니다.
➡ $㉠=90°-50°=40°$

18

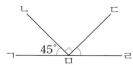

평행선: ①과 ②, ①과 ③, ②와 ③ ➡ 3쌍

19

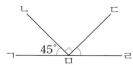

선분 ㄴㅁ은 선분 ㄷㅁ에 대한 수선이므로 (각 ㄴㅁㄷ)$=90°$입니다.
➡ (각 ㄷㅁㄹ)$=180°-45°-90°=45°$

20 (각 ㄱㄴㅁ)=(각 ㄴㄱㅁ)$=60°$
평행사변형에서 이웃한 두 각의 크기의 합은 $180°$이므로
(각 ㄹㄱㄴ)$=180°-60°=120°$입니다.
➡ (각 ㄹㄱㅁ)$=120°-60°=60°$

대표유형 ➊ 1, 18 / 18 ℃

대표유형 ➋

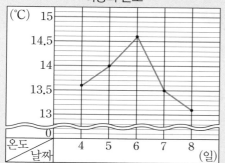

어항의 온도

/ 13.1, 14.6

1 꺾은선그래프   **2** 10개
3 130개   **4** 6월
5 4월
6 키
7 2 cm에 ○표
8

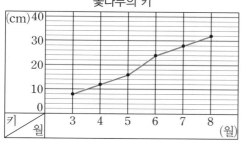

꽃나무의 키

9 5월과 6월 사이
10 ②, ④
11 500 kg
12 줄어들고 있습니다.
13 ㉠
14 예

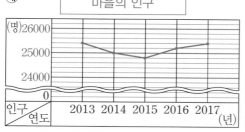

마을의 인구

---

15 2013년, 2017년
16 70마리
17 예 90마리
18 2 kg
19 11살과 12살 사이
20 10살

풀이

1 꺾은선그래프: 수량을 점으로 표시하고, 그 점들을 선분으로 이어 그린 그래프

2 세로 눈금 5칸이 50개를 나타내므로 세로 눈금 한 칸은 50÷5=10(개)를 나타냅니다.

3 7월의 세로 눈금을 읽습니다.

4 세로 눈금이 150일 때의 가로 눈금을 찾으면 6월입니다.

5 4월에 장난감 자동차 판매량이 90개로 가장 적습니다.

6 변화하는 양인 꽃나무의 키를 세로 눈금에 나타내는 것이 좋습니다.

7 8, 12, 16, 24, 28, 32를 나타내어야 하므로 세로 눈금 한 칸의 크기는 2 cm가 알맞습니다.
→ 2 cm에 ○표

8 조사한 내용을 가로 눈금과 세로 눈금이 만나는 자리에 점을 찍고 점들을 차례로 선분으로 잇습니다.

9 선이 가장 많이 기울어진 때를 찾으면 5월과 6월 사이입니다.

10 꺾은선그래프는 자료의 변화 정도를 알아보기에 더 좋습니다.
→ ②, ④

참고
• 막대그래프: 각 항목별 수량을 알아보기 쉽습니다.
• 꺾은선그래프: 시간에 따른 수량의 변화를 알아보기 쉽습니다.

11 2013년 쓰레기 배출량: 7300 kg
2014년 쓰레기 배출량: 6800 kg
➡ $7300 - 6800 = 500$ (kg)

12 그래프의 선이 오른쪽 아래를 향하고 있으므로 매년 쓰레기 배출량이 줄어들고 있습니다.

13 0명부터 24000명까지는 필요 없는 부분이므로 물결선으로 줄여서 나타내고, 가장 작은 값이 24800명이므로 세로 눈금은 물결선 위로 24000명부터 시작하면 좋습니다.

14 가로 눈금과 세로 눈금이 만나는 자리에 점을 찍고 점들을 차례로 선으로 잇습니다.

15 꺾은선그래프에서 세로 눈금이 나타내는 수가 같은 연도를 찾습니다.
➡ 2013년과 2017년입니다.

16 6월의 유기견 수: 50마리
8월의 유기견 수: 120마리
➡ 8월은 6월보다 유기견 수가
$120 - 50 = 70$(마리) 늘어났습니다.

> **다른 풀이**
>
> 6월과 8월은 7칸 차이가 나고, 그래프의 한 칸은 10마리를 나타내므로 8월은 6월보다 $7 \times 10 = 70$(마리) 늘어났습니다.

17 8월의 유기견 수인 120마리와 10월의 유기견 수인 60마리의 중간인 90마리였을 것입니다.

18 세로 눈금 한 칸은 1 kg을 나타내고 9살 때 선아와 연아의 몸무게의 차는 세로 눈금 2칸과 같으므로 2 kg입니다.

19 연아의 몸무게를 나타내는 그래프가 선아의 몸무게를 나타내는 그래프보다 위로 올라가기 시작한 때는 11살과 12살 사이입니다.

20 두 점 사이가 가장 많이 벌어진 때는 10살 때입니다.

> **참고**
>
> 선아와 연아의 몸무게의 차가 가장 큰 때는 두 점 사이가 가장 많이 벌어진 때입니다.

6회 대표유형·기출문제 30~32쪽

대표유형 ❶ 선분, ㉡ / ㉡
대표유형 ❷ 8. 정팔각형 / 정팔각형
대표유형 ❸ 5, 5 / 5개
대표유형 ❹ 3 / 3개

1 다각형
2 가
3 육각형
4 오각형
5 정십각형
6 예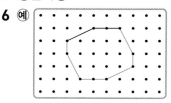
7 ㉡, ㉢
8
9 선분 ㄷㅅ
10 예 삼각형, 사각형
11 예
12 예
13 예
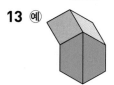
14 9개
15 ㉡
16 96 cm
17 직사각형, 정사각형
18 6개
19 720°
20 정십일각형

1 선분으로만 둘러싸인 도형을 다각형이라고 합니다.

2 다각형은 선분으로만 둘러싸인 도형인데 가는 선분으로 둘러싸이지 않았습니다.

> **주의**
>
> 선분으로 둘러싸이지 않고 열려 있거나 곡선이 포함된 도형은 다각형이 아닙니다.

3 변이 6개인 다각형은 육각형입니다.

4 변이 ■개인 다각형의 이름은 ■각형입니다.

> **참고**
>
> 다각형의 이름은 변의 수에 따라 정해집니다.

5 변이 10개인 정다각형의 이름은 정십각형입니다.

6 점 종이에 그려진 선분을 이용하여 변이 8개인 다각형을 완성합니다.

7 5개의 변의 길이가 모두 같고, 5개의 각의 크기가 모두 같은 다각형을 찾습니다.
→ ㉡, ㉢

8 서로 이웃하지 않는 두 꼭짓점을 모두 선분으로 잇습니다.

9 대각선은 서로 이웃하지 않는 두 꼭짓점을 이은 선분입니다.
→ 선분 ㄷㅅ

10

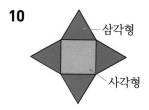
삼각형
사각형

모양을 만드는 데 사용한 다각형은 삼각형, 사각형(또는 정삼각형, 정사각형)입니다.

12 모양 조각을 사용하여 변이 5개인 다각형을 만들어 봅니다.

13 여러 가지 방법으로 주어진 모양을 만들어 봅니다.

14

→ 육각형에 그을 수 있는 대각선의 수: 9개

15

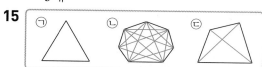

㉠ 0개, ㉡ 14개, ㉢ 2개
→ 14>2>0이므로 대각선의 수가 가장 많은 다각형은 ㉡입니다.

> **다른 풀이**
>
> 꼭짓점의 수가 많은 다각형일수록 대각선의 수가 많습니다.
> 따라서 꼭짓점의 수를 알아보면 ㉠ 3개, ㉡ 7개, ㉢ 4개이므로 대각선의 수는 ㉡이 가장 많습니다.

16 정팔각형은 변의 길이가 모두 같으므로 모든 변의 길이의 합은 $12 \times 8 = 96$ (cm)입니다.

17 두 대각선의 길이가 같은 사각형은 직사각형, 정사각형입니다.

18

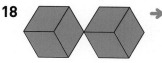

→ 모양 조각은 6개 필요합니다.

19 정육각형은 6개의 각의 크기가 모두 같습니다.
(모든 각의 크기의 합)$=120° \times 6 = 720°$

20 정다각형은 변의 길이가 모두 같으므로 변은 $99 \div 9 = 11$(개)입니다.
→ 정십일각형

> **참고**
>
> 정다각형은 변의 길이가 모두 같으므로
> (모든 변의 길이의 합)÷(한 변의 길이)
> =(변의 수)입니다.

3회 단원 모의고사   33~36쪽

1 ( ) ( ) (○)
2 9개   **3** 정팔각형
4 예

```
· · · · · · · · · ·
· · · · · · · · · ·
· · · ┌────┐ · · · ·
· · ·/      \· · · ·
· ·/          \· · ·
· /────────────\ · ·
· · · · · · · · · ·
```

5 1 ℃   **6** 오후 2시
7 오전 9시와 오전 10시 사이
8 (모범 답안) ❶ 오전 9시의 방의 온도는 8 ℃이고, 오후 2시의 방의 온도는 22 ℃입니다.
❷ 따라서 오후 2시의 방의 온도는 오전 9시보다 22−8=14 (℃) 높습니다.
답 14 ℃
9 직선 마
10 나, 다
11 변 ㄱㄹ과 변 ㄴㄷ
12 (위에서부터) 120, 6, 8
13 ㉡
14

강낭콩의 키

그래프 (cm) 45~20, 날짜 8, 12, 16, 20, 24, 28 (일)

15 8일
16 20일과 24일 사이
17 예 삼각형, 사각형
18 ❶ 아니요.
(모범 답안) ❷ 직사각형은 네 변의 길이가 모두 같은 것은 아니기 때문에 정사각형이 아닙니다.

19 10 cm   **20** 예

21 4개   **22** 70 m
23 6 cm   **24** 12 cm
25 15
26 오전 10시와 오후 4시 사이
27 오후 6시, 4 ℃
28 1080°
29 12 cm
30 110°

풀이

1 두 직선이 만나서 이루는 각이 직각인 것을 찾습니다.
2 다각형은 변의 수에 따라 이름이 정해지므로 구각형의 변의 수는 9개입니다.
3 8개의 변의 길이와 8개의 각의 크기가 모두 같으므로 정팔각형입니다.
4 평행한 변이 한 쌍이라도 있도록 사각형을 그립니다.
5 세로 눈금 5칸의 크기가 5 ℃이므로 세로 눈금 한 칸의 크기는 1 ℃입니다.
6 오후 2시에 방의 온도가 22 ℃로 가장 높습니다.
7 선이 가장 많이 기울어진 때를 찾으면 오전 9시와 오전 10시 사이입니다.

8 채점 기준

❶ 오전 9시와 오후 2시의 방의 온도를 각각 구함.	2점	3점
❷ 오후 2시의 방의 온도는 몇 ℃ 높은지 구함.	1점	

9
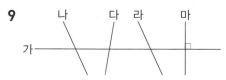

직선 가와 직선 마가 수직으로 만나므로 직선 가에 대한 수선은 직선 마입니다.

10 네 변의 길이가 모두 같은 사각형을 찾습니다.

> **참고**
>
> 정사각형은 네 변의 길이가 모두 같으므로 마름모입니다.

11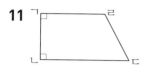

변 ㄱㄹ과 변 ㄴㄷ은 각각 변 ㄱㄴ에 수직이므로 서로 평행합니다.

12 평행사변형은 마주 보는 두 변의 길이가 같고, 마주 보는 두 각의 크기가 같습니다.

13 강낭콩의 키가 22 cm부터 41 cm까지 자랐으므로 꺾은선그래프를 그리는 데 꼭 필요한 부분은 22 cm부터 41 cm까지입니다. 따라서 세로 눈금은 물결선 위로 20 cm부터 시작하는 것이 좋습니다.

15 강낭콩의 키가 22 cm인 날짜를 찾으면 8일입니다.

16 선이 가장 많이 기울어진 때를 찾으면 20일과 24일 사이입니다.

17 가 모양을 채우고 있는 다각형은 삼각형(또는 정삼각형)이고, 나 모양을 채우고 있는 다각형은 사각형(또는 평행사변형, 마름모)입니다.

18

채점 기준		
❶ 직사각형은 정사각형이 아니라고 답함.	2점	4점
❷ 이유를 바르게 씀.	2점	

19 직사각형은 두 대각선의 길이가 같습니다.
➡ (선분 ㄴㄹ)=(선분 ㄱㄷ)=10 cm

21

오각형에 그을 수 있는 대각선의 수: 5개
육각형에 그을 수 있는 대각선의 수: 9개
➡ 차: $9-5=4$(개)

22 정십각형의 변의 길이는 모두 같으므로 모든 변의 길이의 합은 $7 \times 10=70$ (m)입니다.

23 평행사변형은 마주 보는 두 변의 길이가 같으므로 변 ㄱㄴ의 길이를 ☐ cm라 하면
☐$+10+$☐$+10=32$입니다.
➡ ☐$+$☐$+20=32$, ☐$+$☐$=12$, ☐$=6$

24 (변 ㄱㄴ의 길이)$+$(변 ㄷㄹ의 길이)
$=7+5=12$ (cm)

25 • 정사각형의 두 대각선의 길이는 같으므로 ㉠$=9$입니다.
• $36 \div 6=6$이므로 ㉡$=6$입니다.
➡ ㉠$+$㉡$=9+6$
$=15$

26 땅의 온도를 나타내는 선이 물의 온도를 나타내는 선보다 높은 때는 오전 10시와 오후 4시 사이입니다.

27 두 선 사이가 가장 많이 벌어진 때는 오후 6시이고, 4 ℃ 차이가 납니다.

28 정팔각형에는 각이 8개 있고 각의 크기는 모두 같습니다.
➡ (정팔각형의 모든 각의 크기의 합)
$=135° \times 8=1080°$

29 정육각형의 6개의 변의 길이는 같으므로 철사의 길이는 $10 \times 6=60$ (cm)입니다.
정오각형의 5개의 변의 길이는 같으므로
(정오각형의 한 변)$=60 \div 5=12$ (cm)입니다.

30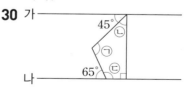

직선 가에서 직선 나에 수직인 직선을 그어 봅니다.
㉡$=90°-45°=45°$,
㉢$=180°-65°=115°$
사각형의 네 각의 크기의 합은 $360°$이므로
㉠$=360°-45°-115°-90°=110°$입니다.

4회 단원 모의고사   37~40쪽

1 오각형
2 (○) (   ) (   )
3 7
4 (   ) (○)
5 요일, 횟수
6 1회
7 화요일
8 6회
9 (위에서부터) 50, 5
10 직선 라와 직선 바
11 선분 ㄷㅂ
12 예

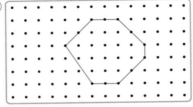

13 가, 다, 라, 마 / 가, 다, 마
14 모범 답안 마름모는 평행한 변이 한 쌍이라도 있으므로 사다리꼴입니다.
15 예 사각형, 삼각형 **16** 10월
17 58대 **18** 8월과 9월 사이
19 9월, 11월 **20** 5 cm
21 4개 **22** 2개
23 65°
24 2 ℃, 0.1 ℃
25 모범 답안 ❶ 가장 작은 값이 36.8이기 때문에 36.5부터 시작합니다. /
❷ 필요 없는 부분을 줄여서 나타내기 때문에 변화하는 모습이 잘 나타납니다.
26 정사각형
27 예

28 6쌍
29 20개
30 70°

풀이

1 변이 5개인 다각형이므로 오각형입니다.

2 직각이 있는 도형을 찾습니다.

3 칠각형의 변의 수는 7개입니다.

4 대각선은 서로 이웃하지 않는 두 꼭짓점을 이은 선분입니다.

5 꺾은선그래프의 가로는 요일, 세로는 횟수를 나타냅니다.

6 세로 눈금 5칸의 크기가 5회이므로 세로 눈금 한 칸의 크기는 1회입니다.

7 선이 오른쪽 위로 가장 많이 기울어진 때를 찾습니다.

8 금요일의 제기차기 횟수는 26회이고 화요일의 제기차기 횟수는 20회입니다.
→ 26−20=6(회)

9 마름모는 네 변의 길이가 모두 같고 마주 보는 두 각의 크기가 같습니다.

10
```
    나      다   라     마  바



 가
```
한 직선에 수직인 두 직선은 서로 만나지 않으므로 평행합니다.

11 서로 이웃하지 않는 두 꼭짓점을 이은 선분을 찾습니다.

12 변이 7개인 다각형을 그립니다.

13 사다리꼴은 평행한 변이 한 쌍이라도 있는 사각형이므로 가, 다, 라, 마이고, 평행사변형은 마주 보는 두 쌍의 변이 서로 평행한 사각형이므로 가, 다, 마입니다.

14

15 삼각형은 정삼각형, 사각형은 마름모, 평행사변형으로 답해도 정답입니다.

16 휴대전화가 가장 많이 팔린 달은 74대가 팔린 10월입니다.

17 휴대전화가 가장 적게 팔린 달은 6월로 58대가 팔렸습니다.

18 선이 가장 적게 기울어진 때를 찾으면 8월과 9월 사이입니다.

19 선이 오른쪽 아래로 기울어진 때는 9월과 11월입니다.

20 정오각형은 5개의 변의 길이가 같습니다.
➡ (정오각형의 한 변)=25÷5=5 (cm)

21
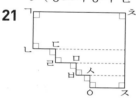

아무리 늘여도 변 ㅇㅈ과 서로 만나지 않는 변을 모두 찾으면 변 ㄱㅊ, 변 ㄴㄷ, 변 ㄹㅁ, 변 ㅂㅅ으로 모두 4개입니다.

22

삼각형은 꼭짓점 3개가 서로 이웃하고 있기 때문에 대각선을 그을 수 없고, 사각형에 그을 수 있는 대각선은 2개입니다.

23 평행사변형에서 이웃한 두 각의 크기의 합이 180°이므로
(각 ㄱㄹㄷ)=180°−35°=145°입니다.
➡ ㉠=145°−80°=65°

24 ㈎: 세로 눈금 5칸의 크기가 10 ℃이므로 세로 눈금 한 칸의 크기는 2 ℃입니다.
㈏: 세로 눈금 5칸의 크기가 0.5 ℃이므로 세로 눈금 한 칸의 크기는 0.1 ℃입니다.

25

26 두 대각선의 길이가 같은 사각형:
직사각형, 정사각형
두 대각선이 서로 수직으로 만나는 사각형: 마름모, 정사각형
➡ 조건을 모두 만족하는 사각형은 정사각형입니다.

28
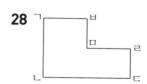

평행선은 변 ㄱㄴ과 변 ㅂㅁ,
변 ㄱㄴ과 변 ㄹㄷ, 변 ㅂㅁ과 변 ㄹㄷ,
변 ㄱㅂ과 변 ㅁㄹ, 변 ㄱㅂ과 변 ㄴㄷ,
변 ㅁㄹ과 변 ㄴㄷ으로 모두 6쌍입니다.

29 조건을 모두 만족하는 도형은 정팔각형입니다.

➡ 그을 수 있는 대각선: 20개

다른 풀이

정팔각형의 한 꼭짓점에서 대각선을 5개 그을 수 있으므로 정팔각형에는 대각선을 모두 5×8=40 ➡ 40÷2=20(개) 그을 수 있습니다.

30
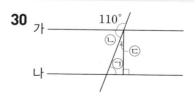

㉡=180°−110°=70°,
㉢=90°−70°=20°
삼각형의 세 각의 크기의 합은 180°이므로
㉠=180°−20°−90°=70°입니다.

1 실전 **모의고사** 41~44쪽

1 정다각형

2 0.32

3 $1\frac{8}{11}(=\frac{19}{11})$

4 ( ) (○) ( )

5 $1\frac{2}{6}$ **6** 나, 라

7 28 kg

8 60, 60

9 (예)

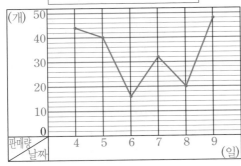

10 200 g

11 (모범 답안) ❶ 6살 때의 몸무게는
25 kg 600 g, 10살 때의 몸무게는
29 kg 400 g입니다.
❷ 10살 때 재영이의 몸무게는 6살 때보다
29 kg 400 g−25 kg 600 g
=3 kg 800 g 늘어났습니다.
탑 3 kg 800 g

12 9살과 10살 사이

13 $1\frac{7}{9}$ km

14 3쌍

15 1.1

16 70°

17 판매량

18 (예)

아이스크림 판매량

(그래프: 세로축 (개) 0, 10, 20, 30, 40, 50 / 가로축 4, 5, 6, 7, 8, 9 (일) / 판매량 날짜)

19 7

20 7개

21 50°

22 12 cm

23 (위에서부터) 9, 4, 3

24 38 cm

25 60 cm

26 2.57 m

27 (모범 답안) ❶ (현지네 가족이 마시고 남은 주스의 양)
$=3-1\frac{4}{5}=2\frac{5}{5}-1\frac{4}{5}=1\frac{1}{5}$ (L)
❷ (주스를 더 사 온 후 주스의 양)
$=1\frac{1}{5}+1\frac{2}{5}=2\frac{3}{5}$ (L) **탑** $2\frac{3}{5}$ L

28 27 cm

29 93°

30 6가지

풀이

1 변의 길이가 모두 같고, 각의 크기가 모두 같은 다각형을 정다각형이라고 합니다.

2 같은 자리 수끼리 뺍니다.

3 $\dfrac{9}{11}+\dfrac{10}{11}=\dfrac{9+10}{11}$
$=\dfrac{19}{11}=1\dfrac{8}{11}$

4

(그림: 직선 가와 세 직선)
가 ———————————

직선 가와 만나서 이루는 각이 직각이 되는 직선을 찾습니다.

5 $3-1\frac{4}{6}=2\frac{6}{6}-1\frac{4}{6}=1\frac{2}{6}$

6 마주 보는 두 쌍의 변이 서로 평행한 사각형을 모두 찾습니다.
➡ 나, 라

7 (사과 한 상자와 배 한 상자의 무게의 합)
$=15.4+12.6=28$ (kg)

8 정삼각형은 세 각의 크기가 모두 60°로 같습니다.

10 세로 눈금 5칸의 크기가 1 kg이고 1 kg=1000 g이므로 세로 눈금 한 칸의 크기는 1000÷5=200 (g)입니다.

11

채점 기준		
❶ 6살과 10살 때의 몸무게를 각각 구함.	2점	3점
❷ 몸무게는 몇 kg 몇 g 늘어났는지 구함.	1점	

12 그래프의 선이 오른쪽 위로 가장 많이 올라간 때인 9살과 10살 사이에 몸무게가 가장 많이 늘어났습니다.

13 (더 달려야 하는 거리)
$$=3\frac{5}{9}-1\frac{7}{9}$$
$$=2\frac{14}{9}-1\frac{7}{9}$$
$$=1\frac{7}{9} \text{ (km)}$$

14 직선 가와 직선 나, 직선 라와 직선 사, 직선 마와 직선 바가 각각 서로 평행합니다.
➡ 3쌍

15 ㉠ 0.1이 7개인 수: 0.7
㉡ 0.4
➡ 0.7+0.4=1.1

16 두 변의 길이가 같으므로 이등변삼각형이고, 이등변삼각형은 두 각의 크기가 같습니다. ➡ ㉠+55°+55°=180°,
㉠=180°−55°−55°=70°

17 꺾은선그래프의 가로에 날짜를 나타내면 세로에는 판매량을 나타내는 것이 좋습니다.

18 가로 눈금과 세로 눈금이 만나는 자리에 점을 찍고 점들을 차례로 선으로 잇습니다.

19 $4\frac{1}{7}>3\frac{3}{7}>2\frac{6}{7}$이므로 가장 큰 분수는 $4\frac{1}{7}$, 가장 작은 분수는 $2\frac{6}{7}$입니다.
➡ $4\frac{1}{7}+2\frac{6}{7}=(4+2)+(\frac{1}{7}+\frac{6}{7})$
$$=6+1=7$$

20 가 나

• 가: 오각형의 대각선 수는 5개입니다.
• 나: 사각형의 대각선 수는 2개입니다.
➡ 5+2=7(개)

21

직선 가와 직선 다가 서로 수직이므로 ㉡=90°입니다.
➡ ㉠=180°−40°−90°=50°

22 6+6=12 (cm)

23
```
   6 . ㉠ 1
−  ㉡ . 3 8
   2 . 5 ㉢
```
• 10+1−8=㉢ ➡ ㉢=3
• ㉠−1−3=5 ➡ ㉠=9
• 6−㉡=2 ➡ ㉡=4

24 (변 ㄱㄴ)=(변 ㄱㄹ)=11 cm
(변 ㄴㄹ)=30−11−11=8 (cm)
(변 ㄴㄹ)=(변 ㄴㄷ)=(변 ㄷㄹ)=8 cm
(사각형 ㄱㄴㄷㄹ의 네 변의 길이의 합)
=11+8+8+11=38 (cm)

> **참고**
>
> 이등변삼각형은 두 변의 길이가 같고, 정삼각형은 세 변의 길이가 같습니다.

25 정다각형은 변의 길이가 모두 같습니다.
(정팔각형의 모든 변의 길이의 합)
=7×8=56 (cm)
➡ (처음 철사의 길이)=56+4=60 (cm)

26 (색 테이프 2장의 길이의 합)
=1.36+1.36=2.72 (m)
(겹친 부분의 길이)=0.15 m
➡ (이어 붙인 전체 색 테이프의 길이)
=2.72−0.15=2.57 (m)

27

채점 기준		
❶ 현지네 가족이 마시고 남은 주스의 양을 구함.	2점	4점
❷ 주스를 더 사 온 후 주스의 양을 구함.	2점	

28 삼각형 ㄱㄴㄷ은 정삼각형이고, 선분 ㄱㄴ의 길이는 12−3=9 (cm)입니다.
따라서 정삼각형은 세 변의 길이가 같으므로 삼각형 ㄱㄴㄷ의 세 변의 길이의 합은 9×3=27 (cm)입니다.

29 일직선은 180°이므로
(각 ㅁㄹㄷ)=180°−54°=126°입니다.
삼각형 ㅁㄷㄹ은 이등변삼각형이므로 각 ㅁㄷㄹ의 크기와 각 ㄷㅁㄹ의 크기는 같습니다.
➡ (각 ㅁㄷㄹ)+(각 ㄷㅁㄹ)
=180°−126°=54°이므로
(각 ㅁㄷㄹ)=(각 ㄷㅁㄹ)
=54°÷2=27°입니다.
(각 ㄱㄷㄴ)=60°,
(각 ㄱㄷㅁ)=180°−60°−27°=93°입니다.

30 정다각형은 변의 길이가 모두 같고, 각의 크기가 모두 같은 다각형입니다.
모든 변의 길이의 합이 24 cm일 때 한 변이 1 cm이면 정이십사각형, 한 변이 2 cm이면 정십이각형, 한 변이 3 cm이면 정팔각형, 한 변이 4 cm이면 정육각형, 한 변이 6 cm이면 정사각형, 한 변이 8 cm이면 정삼각형이 됩니다.
따라서 조건을 모두 만족하는 정다각형은 정이십사각형, 정십이각형, 정팔각형, 정육각형, 정사각형, 정삼각형입니다.
➡ 6가지

> **주의**
> 한 변의 길이가 자연수인 정다각형 중에서 모든 변의 길이의 합이 24 cm여야 하므로 한 변의 길이는 5 cm, 7 cm가 될 수 없습니다.

2회 실전 모의고사 45~48쪽

1 $1\frac{13}{17}$

2 이 점 칠삼

3 15, 15

4 다

5 (예)

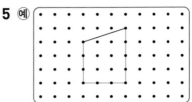

6 변 ㄱㄹ, 변 ㄴㄷ

7 (예)

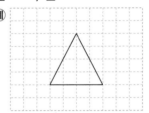

8 유리

9 $2\frac{5}{6}$ m

10 25°, 25°

11 $4\frac{6}{9}$

12 >

13 ㉡

14 (예)

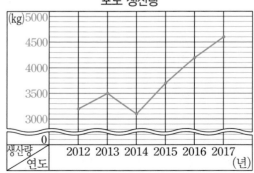

포도 생산량

15 2013년과 2014년 사이

16 (모범 답안) 정사각형은 네 변의 길이가 모두 같고 네 각의 크기가 모두 같아야 하

는데 마름모는 네 변의 길이는 모두 같지
만 네 각의 크기가 모두 같은 것은 아니
기 때문입니다.

17 2.85 kg

18 정십각형

19 30 m

20 8.59 cm

21 나

22 ㉕

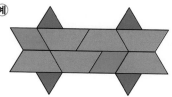

23 둔각삼각형, 이등변삼각형

24 $\dfrac{2}{12}$

25 20 cm

26 ㉎ 도시

27 답 ❶ ㉏ 도시

모범 답안 ❷ 선이 올라가지 않다가 내려
가기 때문입니다.

28 65°

29 39.98

30 5°

풀이

1 $7-5\dfrac{4}{17}=6\dfrac{17}{17}-5\dfrac{4}{17}$
$$=1\dfrac{13}{17}$$

2 소수를 읽을 때에는 소수점 아래의 수는 자
릿값을 읽지 않고 숫자만 읽습니다.

3 정삼각형은 세 변의 길이가 같습니다.

4 아무리 늘여도 서로 만나지 않는 두 직선을
찾습니다.

5 평행한 변이 한 쌍이라도 있게 사각형을 그
립니다.

6 변 ㄷㄹ에 수직인 변은 변 ㄱㄹ과 변 ㄴㄷ
입니다.

7 세 각이 모두 예각이 되도록 그립니다.

주의

예각이 있다고 해서 예각삼각형이 아니므로 한
각만 예각이 되도록 그리지 않도록 주의합니다.

8 유리: $2\dfrac{3}{4}+1\dfrac{3}{4}=3+\dfrac{6}{4}$
$$=4\dfrac{2}{4}$$

주환: $3\dfrac{2}{6}-2\dfrac{5}{6}=2\dfrac{8}{6}-2\dfrac{5}{6}$
$$=\dfrac{3}{6}$$

➡ 계산 결과를 바르게 구한 사람: 유리

9 (유진이가 사용하고 남은 철사의 길이)
 =(처음 가져온 철사의 길이)
  −(유진이가 사용한 철사의 길이)
 $=8-5\dfrac{1}{6}$
 $=7\dfrac{6}{6}-5\dfrac{1}{6}$
 $=2\dfrac{5}{6}$ (m)

10 ㉠+㉡+130°=180°, ㉠+㉡=50°이고
이등변삼각형은 두 각의 크기가 같으므로
㉠=㉡=25°입니다.

11 $7\dfrac{1}{9}-2\dfrac{4}{9}=6\dfrac{10}{9}-2\dfrac{4}{9}$
$$=4\dfrac{6}{9}$$

12 0.76+0.95=1.71
➡ 1.71>1.69

13 포도 생산량이 가장 적은 때는 2014년의
3100 kg이므로 세로 눈금은 물결선 위로
3000 kg부터 시작하면 좋습니다.
➡ ㉡ 3000 kg

14 가로 눈금과 세로 눈금이 만나는 자리에 점
을 찍고 점들을 차례로 선분으로 잇습니다.

15 그래프의 선이 오른쪽 아래로 내려간 때인
2013년과 2014년 사이에 포도 생산량이
줄어들었습니다.

16
마름모가 정사각형이 아닌 이유를 타당하게 썼으면 정답입니다.

17 (남은 밀가루의 무게)
$$=4.5-1.65$$
$$=2.85 \, (kg)$$

18 변이 10개인 정다각형은 정십각형입니다.

참고
선분으로만 둘러싸인 도형은 다각형이고 다각형 중에서 변의 길이가 모두 같고, 각의 크기가 모두 같은 다각형은 정다각형입니다.

19 정육각형은 6개의 변의 길이가 모두 같으므로 울타리는 모두 $5 \times 6 = 30 \, (m)$입니다.

20 (삼각형의 세 변의 길이의 합)
$$=3.25+3.6+1.74$$
$$=6.85+1.74$$
$$=8.59 \, (cm)$$

21 가   나

가: 5개, 나: 9개
따라서 대각선의 수가 더 많은 도형은 나입니다.

22 모양 조각 3개를 모두 사용하여 채우기를 합니다.

23 (지워진 한 각)$=180°-30°-120°$
$$=30°$$
한 각이 120°로 둔각이므로 둔각삼각형, 두 각의 크기가 같으므로 이등변삼각형입니다.

24 오늘까지 읽은 위인전은 전체의
$$\frac{7}{12}+\frac{3}{12}=\frac{10}{12}$$입니다.
남은 위인전은 전체의
$$1-\frac{10}{12}=\frac{12}{12}-\frac{10}{12}=\frac{2}{12}$$이므로 전체의
$\frac{2}{12}$만큼 더 읽어야 합니다.

25 정사각형과 정육각형의 변의 길이는 각각 모두 같습니다.
(가의 네 변의 길이의 합)
$$=30 \times 4$$
$$=120 \, (cm)$$
(나의 한 변)$=120 \div 6$
$$=20 \, (cm)$$

27
채점 기준		
❶ 답을 바르게 구함.	2점	4점
❷ 그렇게 생각한 이유를 바르게 씀.	2점	

28 가

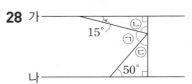

나
$$ⓒ=180°-90°-15°$$
$$=75$$
$$ⓒ=180°-90°-50°$$
$$=40°$$
➡ $$㉠=180°-ⓒ-ⓒ$$
$$=180°-75°-40°$$
$$=65°$$

29 $40-39=1$이고 1을 50등분한 눈금 한 칸의 크기는 0.02입니다. 따라서 39와 40 사이를 50등분하여 나타낸 소수 중에서 가장 큰 소수는 $40-0.02=39.98$입니다.

30 삼각형 ㄱㄴㅂ은 이등변삼각형이므로
(각 ㄴㄱㅂ)$+$(각 ㄴㅂㄱ)
$$=180°-30°$$
$$=150°,$$
(각 ㄴㄱㅂ)$=$(각 ㄴㅂㄱ)
$$=150° \div 2$$
$$=75°$$입니다.
삼각형 ㄱㅁㄹ에서
(각 ㄱㅁㄹ)$=180°-75°-25°$
$$=80°$$입니다.
➡ 각 ㄱㅁㄹ과 각 ㄱㅂㄷ의 크기의 차는
$80°-75°=5°$입니다.

1 선분

2 (   ) (○)

3 정팔각형

4 이등변삼각형, 직각삼각형

5 0.06

6 8 cm

7 나

8 $2\dfrac{3}{10}$

9 수민

10 오후 1시와 오후 2시 사이

11 예 118 mL

12 (모범 답안) 시간이 지날수록 비커에 남아 있는 물의 양이 줄어듭니다.

13 ㉡, ㉢

14 $1\dfrac{3}{10}$ L

15 정팔각형

16 지호

17 ㉠, ㉢

18 ㉠

19 (모범 답안) ❶ 사각형 ㄱㄴㄷㄹ의 네 변의 길이의 합은 정삼각형의 8개의 변의 길이의 합과 같습니다.

❷ (사각형 ㄱㄴㄷㄹ의 네 변의 길이의 합)=9×8=72 (cm)   ❸ **답** 72 cm

20 1.49   **21** 50°

22

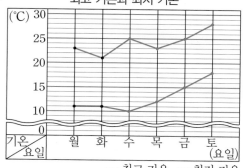

최고 기온과 최저 기온

── 최고 기온 ── 최저 기온

23 수요일

24 $\dfrac{9}{15}$

25 $1\dfrac{2}{7}$, $3\dfrac{5}{7}$

26 4.81

27 71 cm

28 108°

29 165°

30 0.73 m

풀이

2 삼각자의 직각을 낀 한 변을 직선 가에 맞추고 직각을 낀 다른 한 변을 따라 선을 그어야 합니다.

3 8개의 변의 길이와 8개의 각의 크기가 모두 같은 다각형이므로 정팔각형입니다.

4 두 변의 길이가 같은 삼각형은 이등변삼각형이고, 한 각이 직각인 삼각형은 직각삼각형입니다.

5 5.263에서 소수 둘째 자리 숫자는 6이고 나타내는 수는 0.06입니다.

6 변 ㄱㄹ과 변 ㄴㄷ이 서로 평행하므로 평행선 사이의 거리는 변 ㄷㄹ의 길이인 8 cm입니다.

7

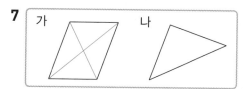

삼각형은 꼭짓점 3개가 서로 이웃하고 있어서 대각선을 그을 수 없습니다.

8 $3\dfrac{4}{10} - 1\dfrac{1}{10} = 2\dfrac{3}{10}$

참고

두 수의 차를 구할 때에는 큰 수에서 작은 수를 뺍니다.

9 $5.\underset{\underset{1<2}{\smile}}{19}<5.23$ → 수민이의 색실이 더 짧습니다.

참고

소수 두 자리 수의 크기를 비교할 때에는 자연수 부분, 소수 첫째 자리, 소수 둘째 자리의 순서로 수의 크기를 비교합니다.

10 그래프의 선의 기울어진 정도가 가장 큰 때를 찾습니다.

11 오전 11시에 남아 있는 물의 양인 120 mL와 낮 12시에 남아 있는 물의 양인 116 mL의 중간인 118 mL였을 것입니다.

12 그래프의 선이 아래로 계속 내려가고 있으므로 비커에 남아 있는 물이 점점 줄어들고 있습니다.

평가 기준

그래프를 보고 알 수 있는 점을 타당하게 썼으면 정답입니다.

13 평행선이 있는 알파벳: ㉡ E, ㉢ Z

14 (가습기에서 나온 물의 양)
= (3시간 전에 들어 있던 물의 양)
  − (남은 물의 양)
$= 3 - 1\dfrac{7}{10}$
$= 2\dfrac{10}{10} - 1\dfrac{7}{10} = 1\dfrac{3}{10}$ (L)

15 정다각형은 변의 길이가 모두 같습니다.
→ $48 \div 6 = 8$이므로 변이 8개인 정팔각형입니다.

16 지호: 평행선 사이의 선분 중에서 수직인 선분의 길이가 가장 짧습니다.

17 ㉠ 마주 보는 두 쌍의 변이 서로 평행하므로 평행사변형입니다.
㉢ 네 변의 길이가 모두 같으므로 마름모입니다.

주의

네 각이 모두 직각이 아니므로 직사각형, 정사각형이 아닙니다.

18 ㉠ $4 - 2\dfrac{1}{5} = 3\dfrac{5}{5} - 2\dfrac{1}{5} = 1\dfrac{4}{5}$

㉡ $\dfrac{3}{5} + \dfrac{4}{5} = \dfrac{7}{5} = 1\dfrac{2}{5}$

→ $1\dfrac{4}{5} > 1\dfrac{2}{5}$

참고

자연수에서 분수를 뺄 때에는 자연수에서 1만큼을 분수로 바꾸어 계산합니다.

19

채점 기준

❶ 정삼각형 8개의 변의 길이의 합과 같음을 설명함.	2점	4점
❷ 사각형 ㄱㄴㄷㄹ의 네 변의 길이의 합을 구함.	2점	

20 수직선의 작은 눈금 한 칸의 크기는 0.01입니다.
㉠ = 0.73, ㉡ = 0.76
→ ㉠ + ㉡ = 0.73 + 0.76 = 1.49

21 일직선은 180°이므로
(각 ㄱㄷㄴ) = 180° − 115° = 65°입니다.
삼각형 ㄱㄴㄷ은 이등변삼각형이므로
(각 ㄱㄴㄷ) = (각 ㄱㄷㄴ) = 65°입니다.
따라서 (각 ㄴㄱㄷ) = 180° − 65° − 65° = 50°입니다.

23 최고 기온과 최저 기온을 나타내는 점 사이의 간격이 가장 큰 요일을 찾으면 수요일입니다.

다른 풀이

최고 기온과 최저 기온의 차를 구하면
월요일: 12 ℃, 화요일: 10 ℃, 수요일: 15 ℃,
목요일: 11 ℃, 금요일: 10 ℃, 토요일: 10 ℃
이므로 차가 가장 큰 날은 수요일입니다.

24 만들 수 있는 가장 큰 진분수는 $\dfrac{14}{15}$, 가장 작은 진분수는 $\dfrac{5}{15}$입니다.

→ $\dfrac{14}{15} - \dfrac{5}{15} = \dfrac{9}{15}$

25 진분수 부분끼리의 합이 자연수가 되는 분수끼리 짝지어 합을 구해 봅니다.

$1\frac{2}{7}+2\frac{5}{7}=4(\times)$, $1\frac{2}{7}+3\frac{5}{7}=5(\bigcirc)$,

$2\frac{5}{7}+4\frac{2}{7}=7(\times)$, $3\frac{5}{7}+4\frac{2}{7}=8(\times)$

26 어떤 수를 □라 하면 □$-0.76=3.29$,
□$=3.29+0.76=4.05$입니다.
따라서 바르게 계산하면
$4.05+0.76=4.81$입니다.

27 삼각형 ㄱㄴㄷ은 정삼각형이므로
(변 ㄴㄷ)＝(변 ㄱㄷ)＝(변 ㄱㄴ)＝15 cm
이고 삼각형 ㄱㄷㄹ은 이등변삼각형이므로
(변 ㄷㄹ)＝(변 ㄱㄷ)＝15 cm입니다.
➡ (삼각형 ㄱㄴㄹ의 세 변의 길이의 합)
$=15+15+15+26$
$=71$ (cm)

28 정오각형은 삼각형 3개로 나눌 수 있으므로 정오각형의 다섯 각의 크기의 합은
$180°\times3=540°$입니다.
정오각형의 5개의 각의 크기는 모두 같으므로 ㉠$=540°\div5=108°$입니다.

29

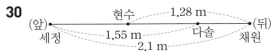

(각 ㅂㄹㄷ)＝$45°$이고, (각 ㄷㄴㅂ)＝$60°$입니다.

사각형 ㄴㄷㄹㅂ에서
(각 ㄴㅂㄹ)＝$360°-60°-90°-45°$
$=165°$,
(각 ㄹㅂㅁ)＝$180°-165°=15°$,
㉮＝$180°-15°=165°$입니다.

30

(앞)●———현수———1.28 m———●(뒤)
세정   1.55 m   다솔   채원
         2.1 m

(다솔이와 채원이 사이의 거리)
$=2.1-1.55=0.55$ (m)
(다솔이와 현수 사이의 거리)
$=1.28-0.55=0.73$ (m)

4회 실전 **모의고사**　　　53～56쪽

1 ㉠
2 가
3 (　) (◯)
4 2, 3, $\frac{2}{3}$
5 $\frac{8}{11}$
6 둔각삼각형
7 $1.6+0.7=2.3$, 2.3 kg
8 12 cm
9 $\frac{9}{12}+\frac{4}{12}=\frac{9+4}{12}=\frac{13}{12}=1\frac{1}{12}$
10 $90°$
11 $2\frac{6}{9}-1\frac{3}{9}=1\frac{3}{9}$, $1\frac{3}{9}$ L
12 10배
13 22 ℃
14 오전 10시와 오전 11시 사이
15 ㉠
16 3개
17 5개
18 104 cm
19 ㉠, ㉡, ㉢
20 4
21 ㉠
22 모범 답안 ❶ 두 각의 크기가 $70°$로 같으므로 이등변삼각형입니다.
❷ 이등변삼각형은 두 변의 길이가 같으므로 $15+15+$㉠$=40$,
㉠$=40-15-15=10$ (cm)입니다.
답 10 cm
23 7, 8, 9
24 8 cm
25 예 20 cm
26 8개
27 2.67 m

28 (모범 답안) ❶ 가장 큰 소수 두 자리 수: 6.31

❷ 가장 작은 소수 두 자리 수: 1.36

❸ 두 수의 차를 구하면

$6.31-1.36=4.95$입니다.   (답) 4.95

29 10개   **30** $110°$

풀이

1 서로 만나지 않는 두 직선은 ㉠입니다.

2 선분으로만 둘러싸인 도형은 가입니다.

3 서로 수직인 변이 있는 도형 ➡

4 $3=2\dfrac{3}{3}$으로 바꾸어 자연수 부분끼리 빼고 분수 부분끼리 뺍니다.

$$3-2\dfrac{1}{3}=2\dfrac{3}{3}-2\dfrac{1}{3}=\dfrac{2}{3}$$

5 $\dfrac{10}{11}-\dfrac{2}{11}=\dfrac{8}{11}$

6 $98°$는 둔각이므로 한 각이 둔각인 둔각삼각형입니다.

> **참고**
> • 예각삼각형: 세 각이 모두 예각인 삼각형
> • 둔각삼각형: 한 각이 둔각인 삼각형

7
$$\begin{array}{r}
1\\
1.6\\
+\,0.7\\
\hline
2.3
\end{array} \quad ➡ 2.3\,\text{kg}$$

8 변 ㄱㄴ과 평행한 변은 변 ㄹㄷ입니다.

따라서 변 ㄱㄴ과 변 ㄹㄷ 사이의 거리는 12 cm입니다.

9 분모는 그대로 두고 분자끼리 더합니다.

$$\dfrac{9}{12}+\dfrac{4}{12}=\dfrac{9+4}{12}=\dfrac{13}{12}=1\dfrac{1}{12}$$

10 정사각형은 두 대각선이 서로 수직으로 만나므로 (각 ㄱㅁㄴ)$=90°$입니다.

11 $2\dfrac{6}{9}-1\dfrac{3}{9}=1\dfrac{3}{9}$ (L)

12 9.5는 0.95의 10배이므로 집에서 놀이공원까지의 거리는 집에서 우체국까지의 거리의 10배입니다.

13 온도가 가장 높은 때는 점이 가장 높게 찍힌 오후 1시이고 그때의 온도는 22 ℃입니다.

14 온도가 가장 적게 변한 때는 그래프의 선이 가장 적게 기울어진 때입니다.

그래프의 선이 가장 적게 기울어진 때는 오전 10시와 오전 11시 사이입니다.

15 ㉡은 막대그래프 또는 그림그래프로 나타내기에 알맞습니다.

> **참고**
> 꺾은선그래프는 시간에 따른 자료의 변화를 나타내기에 알맞습니다.

16

따라서 모양 조각은 3개 필요합니다.

17 서로 이웃하지 않는 두 꼭짓점을 모두 잇습니다.

➡ 5개

18 정팔각형은 8개의 변의 길이가 모두 같으므로 모든 변의 길이의 합은

$13×8=104$ (cm)입니다.

19 두 변의 길이가 같으므로 이등변삼각형입니다.

(나머지 두 각의 크기의 합)

$=180°-60°=120°$

이등변삼각형은 길이가 같은 두 변에 있는 두 각의 크기가 같으므로 나머지 두 각의 크기는 각각 $60°$입니다.

따라서 주어진 삼각형은 이등변삼각형, 정삼각형, 예각삼각형이라고 할 수 있습니다.

20 $\dfrac{4}{18} \gtrdot \dfrac{7}{18} - \dfrac{\boxed{6}}{18} = \dfrac{1}{18}$,

$\dfrac{4}{18} \gtrdot \dfrac{7}{18} - \dfrac{\boxed{5}}{18} = \dfrac{2}{18}$,

$\dfrac{4}{18} \gtrdot \dfrac{7}{18} - \dfrac{\boxed{4}}{18} = \dfrac{3}{18}$,

$\dfrac{4}{18} \eqdot \dfrac{7}{18} - \dfrac{\boxed{3}}{18} = \dfrac{4}{18}$

→ □ 안에 들어갈 수 있는 가장 작은 수는 4입니다.

21 ㉠ 사다리꼴

사다리꼴은 평행한 변이 한 쌍이라도 있는 사각형이고 평행사변형은 마주 보는 두 쌍의 변이 서로 평행한 사각형입니다.
→ 사다리꼴은 평행사변형이라고 할 수 없습니다.

㉡ 직사각형 ㉢ 정사각형 ㉣ 마름모

→ 직사각형, 정사각형, 마름모는 마주 보는 두 쌍의 변이 서로 평행하므로 평행사변형이라고 할 수 있습니다.

따라서 평행사변형이라고 할 수 없는 도형은 ㉠ 사다리꼴입니다.

22

채점 기준		
❶ 삼각형이 이등변삼각형임을 구함.	2점	4점
❷ ㉠의 길이를 구함.	2점	

23 $1.9 + 4.78 = 6.68$
→ $6.68 < 6.\square1$에서 □ 안에 들어갈 수 있는 수는 7, 8, 9입니다.

24 19일: 24 cm, 25일: 32 cm
→ $32 - 24 = 8$ (cm)

25 7일의 키인 16 cm와 19일의 키인 24 cm의 중간이 20 cm이므로 강낭콩의 키는 13일에 20 cm였을 것입니다.

26 정삼각형 1개를 만드는 데 $3+3+3=9$ (cm)의 철사가 필요합니다. $78 \div 9 = 8 \cdots 6$이므로 한 변의 길이가 3 cm인 정삼각형을 8개 만들면 철사가 6 cm 남습니다. 따라서 정삼각형을 8개까지 만들 수 있습니다.

27 (색 테이프 2장의 길이의 합)
$= 1.46 + 1.46 = 2.92$ (m)
(겹쳐진 부분의 길이) $= 0.25$ m
→ (이어 붙인 색 테이프의 전체 길이)
$= 2.92 - 0.25 = 2.67$ (m)

28

채점 기준		
❶ 가장 큰 소수 두 자리 수를 구함.	1점	4점
❷ 가장 작은 소수 두 자리 수를 구함.	1점	
❸ 두 수의 차를 구함.	2점	

29

• 작은 삼각형 2개짜리:
①+②, ②+③, ③+④, ④+⑤ → 4개
• 작은 삼각형 3개짜리:
①+②+③, ②+③+④, ③+④+⑤
→ 3개
• 작은 삼각형 4개짜리:
①+②+③+④, ②+③+④+⑤ → 2개
• 작은 삼각형 5개짜리:
①+②+③+④+⑤ → 1개
따라서 크고 작은 사다리꼴은 모두
$4+3+2+1 = 10$(개)입니다.

30 (각 ㄱㄴㄹ) $= 180° - 110° = 70°$
삼각형 ㄱㄴㄹ은 이등변삼각형이므로
(각 ㄱㄹㄴ) = (각 ㄱㄴㄹ) $= 70°$입니다.
(각 ㄴㄱㄹ) $= 180° - 70° - 70° = 40°$
(각 ㄷㄱㅁ) $= 40° + 40° = 80°$
삼각형 ㄴㄷㄹ에서
(각 ㄴㄷㄹ) $= 180° - 110° - 40° = 30°$입니다.
삼각형 ㄱㄷㅁ에서
(각 ㄱㅁㄷ) $= 180° - 80° - 30° = 70°$이므로
㉠ $= 180° - 70° = 110°$입니다.

1회 심화 모의고사　　57~60쪽

1 $1\dfrac{5}{12}(=\dfrac{17}{12})$

2 4쌍

3 ㉡

4 가

5 (왼쪽부터) 50, 4

6 60°

7 이등변삼각형

8 $0.64-0.28=0.36$, 0.36 m

9 4 cm

10 9만 대

11 6월과 7월 사이

12 ⑩ 늘어날 것입니다.

13 $10\dfrac{1}{5}-\dfrac{7}{5}=8\dfrac{4}{5}$, $8\dfrac{4}{5}$ cm

14 정사각형

15 9

16 3.69

17 8개

18 정육각형

19 20명

20 ⑩ ① ❶ 미주네 마을 학생 수는 매년 늘어났습니다.
② ❷ 2016년과 2017년 사이에 학생 수가 가장 많이 늘어났습니다.

21 8개

22 6 cm

23 $162\dfrac{1}{7}$ g

24 10 cm

25 2.64 kg

26 0.04 m

27 29 cm

28 4개

29 모범 답안 ❶ 식빵 1개를 만들면 밀가루가
$8-2\dfrac{4}{7}=5\dfrac{3}{7}$ (kg) 남습니다.

❷ 식빵 2개를 만들면 밀가루가
$5\dfrac{3}{7}-2\dfrac{4}{7}=2\dfrac{6}{7}$ (kg) 남습니다.

❸ 식빵 3개를 만들면 밀가루가
$2\dfrac{6}{7}-2\dfrac{4}{7}=\dfrac{2}{7}$ (kg) 남습니다.

따라서 만들 수 있는 식빵은 3개이고, 남는 밀가루는 $\dfrac{2}{7}$ kg입니다.

🔑 3개, $\dfrac{2}{7}$ kg

30 108°

풀이

1 $\dfrac{7}{12}+\dfrac{10}{12}=\dfrac{17}{12}=1\dfrac{5}{12}$

2 주어진 도형은 마주 보는 4쌍의 변이 서로 평행합니다.

3 ㉠ 예각삼각형은 세 각이 모두 예각이어야 합니다.

4 점 ㄱ을 지나고 직선 가에 수직인 직선은 1개뿐입니다.

5 평행사변형은 마주 보는 두 변의 길이가 같습니다. 또 마주 보는 두 각의 크기도 같습니다.

6 정삼각형은 세 각의 크기가 모두 60°로 같습니다.

➡ ㉠$=60°$

7 6 cm짜리 막대 2개의 길이가 같으므로 두 변의 길이가 같은 이등변삼각형을 만들 수 있습니다.

8 (철사의 길이)−(실의 길이)
$=0.64-0.28=0.36$ (m)

9 (선분 ㄱㄷ)=(선분 ㄴㄹ)
$$=2+2$$
$$=4 \text{ (cm)}$$

10 4월: 11만 대
8월: 20만 대
➡ 20만−11만=9만 (대)

11 그래프의 선이 가장 많이 기울어진 때는 6월
과 7월 사이입니다.

12 4월부터 8월까지 자동차 수가 늘어났습니다.
따라서 9월에도 자동차 수가 늘어날 것입
니다.

13 $10\frac{1}{5} - \frac{7}{5} = 10\frac{1}{5} - 1\frac{2}{5}$
$$=9\frac{6}{5} - 1\frac{2}{5}$$
$$=8\frac{4}{5} \text{ (cm)}$$

따라서 미모사 새싹의 키는 $8\frac{4}{5}$ cm 더 자
랐습니다.

14 사각형에 대각선을 그어 알아봅니다.

사다리꼴　　　평행사변형　　　정사각형

➡ 두 대각선이 서로 수직으로 만나는 사각
형은 정사각형입니다.

15 0.1이 6개이면 0.6, $\frac{1}{100}$이 9개이면

$\frac{9}{100} = 0.09$, $\frac{1}{1000}$이 5개이면

$\frac{5}{1000} = 0.005$이므로 설명하는 수는 0.695
입니다.

➡ 0.695에서 소수 둘째 자리 숫자는 9입
니다.

16 6.17−㉠=2.48,
㉠=6.17−2.48=3.69

17 $\frac{\square}{15} + \frac{6}{15} = \frac{\square+6}{15}$ 이고 덧셈의 계산 결과

가 될 수 있는 가장 큰 진분수는 $\frac{14}{15}$ 이므로

□ 안에 들어갈 수 있는 자연수는 1, 2,
3……8로 모두 8개입니다.

18 정다각형은 변의 길이가 모두 같습니다.
48÷8=6이므로 변은 6개입니다.
➡ 변이 6개인 정다각형은 정육각형입니다.

19 그래프의 선이 가장 적게 기울어진 때는
2014년과 2015년 사이입니다.
➡ 1900−1880=20(명)

20

채점 기준		
❶ 한 가지 사실을 씀.	2점	4점
❷ ❶과 다른 한 가지 사실을 씀.	2점	

21

➡ 모양 조각은 8개 필요합니다.

22 (마름모를 만드는 데 사용한 철사의 길이)
$$=11 \times 4$$
$$=44 \text{ (cm)}$$
(남은 철사의 길이)=50−44
$$=6 \text{ (cm)}$$
따라서 마름모를 만들고 남은 철사의 길이
는 6 cm입니다.

23 (페트병에 넣은 모래, 자갈, 풀의 무게의 합)
$$=90\frac{4}{7} + 65\frac{5}{7} + 5\frac{6}{7}$$
$$=156\frac{2}{7} + 5\frac{6}{7}$$
$$=162\frac{1}{7} \text{ (g)}$$

24 이등변삼각형의 세 변의 길이의 합은
9+12+9=30 (cm)입니다.
따라서 정삼각형의 한 변의 길이를
30÷3=10 (cm)로 해야 합니다.

25 4.5−3.72=0.78 (kg)
➡ 0.78+1.86=2.64 (kg)

26 0.4 $\xrightarrow{10배}$ 4 $\xrightarrow{\frac{1}{10}}$ 0.4 $\xrightarrow{\frac{1}{10}}$ 0.04
➡ 0.04 m

27 평행선 사이의 거리 중 가장 긴 거리는
11+10+8=29 (cm)입니다.

참고

평행선 사이의 수선의 길이를 평행선 사이의 거리라고 합니다.

28

• 작은 삼각형 1개짜리: ①, ③ ➡ 2개
• 작은 삼각형 2개짜리: ①+②, ①+④
➡ 2개
따라서 크고 작은 둔각삼각형은 모두
2+2=4(개)입니다.

29 채점 기준

❶ 식빵 1개를 만들고 남는 밀가루의 양을 구함.	1점	
❷ 식빵 2개를 만들고 남는 밀가루의 양을 구함.	1점	4점
❸ 만들 수 있는 식빵의 수와 남는 밀가루의 양을 구함.	2점	

30

정오각형은 삼각형 3개로 나눌 수 있으므로 모든 각의 크기의 합은 180°×3=540°입니다.
정오각형은 5개의 각의 크기가 같으므로 한 각의 크기는 540°÷5=108°입니다.

1 $1\frac{4}{7}\left(=\frac{11}{7}\right)$

2 60

3 4.25

4 24 cm

5 예)

6 (　　) (○)

7 직선 가와 직선 나, 직선 다와 직선 마

8

, 9개

9 $2\frac{5}{9}$

10 ㉠

11 1000배

12 2.08 m

13 2개

14 20대

15 360대

16 1.29 m

17 ㉡, ㉣

18 15 ℃

19 토요일

20 토요일

21 45 cm

22 135°

23 직각삼각형, 4개

24 모범 답안 ❶ 삼각형의 나머지 한 각의 크기는 180°−80°−55°=45°입니다.
❷ 세 각이 모두 예각이므로 예각삼각형입니다.   답 예각삼각형

25 ㉠

26 80°

27 (모범 답안) ❶ (색 테이프 2장의 길이의 합)

$$=\frac{17}{20}+\frac{17}{20}=\frac{34}{20}$$

$$=1\frac{14}{20}\ (m)$$

❷ (이어 붙인 색 테이프의 전체 길이)

$$=1\frac{14}{20}-\frac{1}{20}=1\frac{13}{20}\ (m)$$

❸ $1\frac{13}{20}$ m

28 84 cm　　**29** 132

30 설탕, $29\frac{2}{4}$ g

풀이

1 $\frac{6}{7}+\frac{5}{7}=\frac{11}{7}=1\frac{4}{7}$

2 세 변의 길이가 같으므로 정삼각형이고, 정삼각형은 세 각의 크기가 모두 60°입니다.

3 $0.95<5.2$ ➡ $5.2-0.95=4.25$

4 정육각형은 6개의 변의 길이가 모두 같습니다. ➡ $4\times6=24\ (cm)$

5
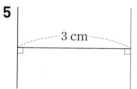

6 0.072의 100배 ➡ 7.2

$7.2의\ \frac{1}{10}$ ➡ 0.72

7 서로 만나지 않는 두 직선을 모두 찾습니다.

8 주어진 도형에서 서로 이웃하지 않는 두 꼭짓점을 선분으로 이어 보면 모두 9개입니다.

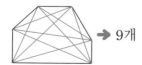 ➡ 9개

참고

오각형과 육각형의 대각선의 수
• 오각형: 5개　　　• 육각형: 9개

9 $5\frac{2}{9}>2\frac{6}{9}$

➡ $5\frac{2}{9}-2\frac{6}{9}=4\frac{11}{9}-2\frac{6}{9}=2\frac{5}{9}$

10 ⓒ 한 직선에 그을 수 있는 수선은 무수히 많습니다.

11 ㉠이 나타내는 수는 30이고, ㉡이 나타내는 수는 0.03입니다.

➡ 30은 0.03의 1000배입니다.

12 (나의 지름)−(가의 지름)
$=4.93-2.85=2.08\ (m)$
따라서 첨성대에서 가 부분과 나 부분의 지름의 차는 2.08 m입니다.

13 마주 보는 두 쌍의 변이 서로 평행한 사각형은 가, 다로 모두 2개입니다.

14 세로 눈금 5칸이 100대를 나타냅니다.
따라서 세로 눈금 한 칸은 $100\div5=20$(대)를 나타냅니다.

15 1월: 2020대
5월: 2380대
➡ $2380-2020=360$(대)

16 (세 변의 길이의 합)
$=0.43+0.43+0.43$
$=0.86+0.43$
$=1.29\ (m)$

참고

정삼각형은 세 변의 길이가 같습니다.

17 주어진 도형은 직사각형입니다.
직사각형은 네 변의 길이가 모두 같은 것은 아니므로 마름모, 정사각형이라고 할 수 없습니다.

18 수요일의 최고 온도는 22 ℃, 최저 온도는 7 ℃입니다. 따라서 온도의 차는
$22-7=15\ (℃)$입니다.

19 최고 온도를 나타내는 그래프의 선이 오른쪽 위로 가장 많이 올라간 때는 금요일과 토요일 사이이므로 전날에 비해 최고 온도가 가장 많이 올라간 때는 토요일입니다.

20 최고 온도와 최저 온도를 나타내는 두 점 사이가 가장 많이 벌어진 곳을 찾으면 토요일입니다.

21 (변 ㄱㄹ)=5×3=15 (cm)
(변 ㄱㄹ)=(변 ㄹㅁ)=(변 ㄱㅁ)=15 cm
➡ (삼각형 ㄱㄹㅁ의 세 변의 길이의 합)
  =15×3=45 (cm)

22 (각 ㄱㄷㄴ)+(각 ㄴㄱㄷ)=180°−90°
            =90°
(각 ㄱㄷㄴ)=90°÷2
      =45°
(각 ㄱㄷㄹ)=180°−45°
      =135°

23

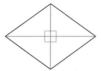

➡ 직각삼각형이 4개 생깁니다.

24

채점 기준		
❶ 삼각형의 나머지 한 각의 크기를 구함.	2점	4점
❷ 어떤 삼각형인지 구함.	2점	

25 ㉠ $1\frac{1}{10}+2\frac{5}{10}=3\frac{6}{10}$

㉡ $4\frac{9}{10}-1\frac{4}{10}=3\frac{5}{10}$

➡ $3\frac{6}{10}>3\frac{5}{10}$

따라서 계산 결과가 더 큰 것은 ㉠입니다.

26 삼각형 ㅁㄷㄹ은 이등변삼각형이므로 두 각의 크기가 같습니다.
(각 ㄷㅁㄹ)=(각 ㄷㄹㅁ)=40°
(각 ㅁㄷㄹ)=180°−40°−40°=100°
(각 ㄴㄷㅁ)=180°−100°=80°
따라서 각 ㄴㄷㅁ의 크기는 80°입니다.

27

채점 기준		
❶ 색 테이프 2장의 길이의 합을 구함.	2점	4점
❷ 이어 붙인 색 테이프의 전체 길이를 구함.	2점	

28 (정오각형의 한 변의 길이)
  =60÷5=12 (cm)
➡ 빨간색 선의 길이는 12 cm인 변 7개의 길이와 같으므로 12×7=84 (cm)입니다.

29 정육각형은 사각형 2개로 나눌 수 있습니다.

정육각형의 모든 각의 크기의 합은
360°×2=720°입니다.
정육각형의 한 각의 크기는
720°÷6=120°이므로
□°=360°−108°−120°=132°입니다.

30 먼저 사용한 설탕의 양과 밀가루의 양을 각각 구합니다.

(사용한 설탕의 양)=$200-20\frac{1}{4}$

    =$199\frac{4}{4}-20\frac{1}{4}$

    =$179\frac{3}{4}$ (g)

(사용한 밀가루의 양)=$175-24\frac{3}{4}$

    =$174\frac{4}{4}-24\frac{3}{4}$

    =$150\frac{1}{4}$ (g)

➡ $179\frac{3}{4}>150\frac{1}{4}$이므로 설탕을
$179\frac{3}{4}-150\frac{1}{4}=29\frac{2}{4}$ (g) 더 많이 사용했습니다.